WFH

在家工作的成功祕訣

羅伯特・格雷瑟 & 米克・史隆 著
Robert Glazer　Mick Sloan

孟令函 譯

HOW TO THRIVE IN THE VIRTUAL WORKPLACE

Simple and Effective Tips for Successful, Productive and Empowered Remote Work

各界推薦

遠距工作者必須掌握「彈性工作」及「紀律」的平衡。與上司、同儕與部屬無法在「同一空間、一同工作」的情況下，要如何展現自身的工作價值是每個優秀工作者應有的自覺。遠距工作要如何展現自身優勢，要如何圓滿達成工作任務？本書從軟硬體設備、燈光、網速等基礎設施談起，再談到工作者的時間安排、精力管理、如何在虛擬空間營造信賴感、以及如何經營職場人際關係等軟實力的展現，都是後疫時代上班族需要知道的重要資訊。在遠距工作必將變成常態的當下，如何擬定工作計畫？如何安排良好的工作環境？如何妥善運用科技工具讓自己力量放大？……許多答案都在本書中。這些重要資訊，你必須掌握。

——**邱文仁／職場專家**

我們大多數人都只是被革命性的改變帶著走，只有幸運的人才能見證並深刻體認改變的過程。工業革命後，人們開始群聚工作，加上美國鋼筋水泥的發明造成辦公大樓興起，人們開始習慣在一大棟建築物裡面上班。現在，拜科技與疫情之賜，我們正在經歷新的工作型態，那就是遠距工作。本書是遠距工作的寶典，像是技術手冊又像是諮商顧問。其實遠距工作並不簡單，必須建立在科技跟人性的信賴上，兼顧身心健康與工作效率更是成敗的關鍵因素。讀完本書不只理解遠距工作，更能看出工作的未來樣貌。

——**紀舜傑／淡江大學未來學研究所前所長**

早在 Covid-19 疫情爆發以前，遠距工作與虛擬辦公室的概念就已經存在於某些樂於接受創新管理的企業當中。疫情迫使大部分企業不得不採遠距工作，使得虛擬辦公室成為一種新常態。過去對於遠距工作抱持保守態度的企業發現，員工時間管理效率提升、更樂於投入工作，企業營運突破實體辦公的物理局限，績效表現也有所提升，但同時辦公型態的變革也為企業帶來了管理制度面的重重挑戰。本書的作者羅伯特・格雷瑟為全面遠距工作組織「加速夥伴」的創辦人，讀者可以將本書的內容做為基礎，思考企業應如何創造遠距工作的企業文化、建立妥善的制度流程，並制定出虛擬辦公室的管理策略，讓企業在後疫時代能持續創造出最大效益。

——蔡惠婷／成功大學企管系副教授

老實說，遠距工作並非新鮮事，很早以前我就有這樣的經驗，但是因為Covid-19的關係，讓大家意識到遠距工作的重要性。

面對嚴峻考驗，無論你是否喜歡這樣的工作型態，我們往往無從選擇命運，只能順應時代潮流。面對遠距工作，我們應該有怎樣的心態和準備呢?此刻閱讀由羅伯特・格雷瑟與米克・史隆所撰寫的《WFH在家工作的成功祕訣》，不啻為一個不錯的選擇。

排定事情的優先順序，建立儀式感，同時找回自己的工作與生活步調，是我看完這本書最大的收穫。希望你也會喜歡，並從中得到啟發。

——**鄭緯筌／「Vista 寫作陪伴計畫」主理人**

因為 Covid-19 疫情，許多企業被迫倉促轉為在家工作來應變。我在擔任企業顧問時也觀察到不同企業各自面臨的轉型陣痛。《WFH 在家工作的成功祕訣》是一本內容涵蓋相當完整的遠距工作指南，包括基礎準備、心理調適、如何因應遠距調整工作方式等實務指引，以及如何藉由強化組織文化、發展新型態組織互動等方式，克服遠距工作可能造成的管理問題。對於正面臨遠距工作的有效轉型挑戰的組織來說，這是領導者、經理人及人資都必讀的一本好書。

——**李全興（老查）／數位轉型顧問**

想要打造頂尖遠距工作企業的領導者和員工，都該讀羅伯特．格雷瑟寫的這本遠距工作指南。此書內容包羅萬象，能夠帶領讀者建立正確的企業文化基礎、有效率的聘用正確人才，確保在家工作能夠實現傑出的工作成果。

——**傑夫·斯馬特博士（Dr. Geoff Smart）／ghSMART 董事長、《紐約時報》暢銷書《誰》**（*Who*）**與《致勝得分》**（*Power Score*）**作者**

羅伯特·格雷瑟是有遠大展望的世界級遠距組織領導者，他寫了這本重要的遠距工作指南，協助員工、管理者及企業領導者打造遠距工作的新世界，並藉此追求更出色的表現。

——**加里·禮奇（Garry Ridge）／WD-40 公司執行長**

羅伯特·格雷瑟領導頂尖遠距工作組織已有超過十年經驗。透過此書，他與讀者分享打造世界級遠距工作公司的致勝關鍵。

——**齊思·費拉奇（Keith Ferrazzi）／《紐約時報》暢銷書《別自個兒用餐》**（*Never Eat Alone*）**作者**

想要在嶄新的遠距工作世界脫穎而出？這本就是必讀的工作指南。羅伯特・格雷瑟與各位讀者分享他的致勝法，協助企業領導者和工作者解鎖轉換為遠距工作模式的能力。

——艾查・埃文斯（Aicha Evans）／自動駕駛汽車公司 Zoox 執行長

作者是遠距工作模式的開拓先鋒，多年來也一直是遠距工作企業的佼佼者，這本難能可貴的指南書描繪了企業組織如何掌握遠距工作帶來的工作彈性，同時也不必犧牲員工福祉及人與人之間的聯繫。本書如一場及時雨，無比實用又能帶來希望。

——卡洛琳・韋伯（Caroline Webb）／麥肯錫（McKinsey & Company）
資深顧問、《好日子革新手冊》（*How to Have a Good Day*）作者

推薦序

遠距工作的兩好三壞

陳詩寧

遠流出版公司在折騰世界達兩年之久的 Covid-19 疫情後半段，推出美國知名創業家的《WFH 在家工作的成功祕訣》，實為疫後世界工作新秩序的定音之作——遠距工作的時代已經來臨！

遠距工作是員工和企業雙方的許願池集大成。員工希望在擁抱工作的同時擁有自由的靈魂，在工作時也可以到處旅行，保有更多個人及與家庭相處的時間，甚至暗自希望有發展副業的空間。另一方面，企業也想放開桎梏員工及綁住自己的魔咒，希望招募到可獨立作業又可掌握工作彈性的員工，進一步在管理員工的細節和經驗上，建立企業與眾不同的競爭力。

遠距工作貌似實現了勞雇雙方對工作自主、傑出、平衡的夢想，解放了最大生產力，節省不必要的經營成本。不過，要付諸實現之前請先藉這本書停看聽，想想以下三件事。

首先是什麼樣企業適合遠距工作。作者創立的「加速夥伴」屬於聯盟行銷公司，需要跨國、跨區域經營，本身就自帶遠距工作特質。業界最富盛名的全員遠距公司 Basecamp 則做雲端專案管理軟體，自家產品拿來輔助遠距工作管理，遠距工作理所當然。Basecamp 也曾經出版企業內部溝通指南來當作軟體產品配套，舉凡視訊會議怎麼開、內部信件怎麼寫……都有詳細規定。其實任何管理的重點都是溝通，企業希望遠距工作能成功，就要更清晰、透明，企業文化正是遠距企業成功的要件。

其次，什麼樣的工作可以遠距工作？除了本來就蹲踞公司一角默默做事的軟體工程師，使用公司系統提供線上客戶服務、以及製作優化線上內容的工作，可以說是遠距工作的大宗。我的遠距工作經驗則是曾擔任客戶和工程師間溝通橋樑的專案經理，相較於之前在辦公室比手畫腳的指揮，遠距管理讓我獲得不同以往的成就感和樂趣，也更容易找出專案瓶頸，及時解決。要另外注意的是，最好整間公司都採用遠距或混合型模式。許多公司讓大部分員工在辦公室上班，只有一小部分人遠距工作，在這種分配下，遠距工作者通常會覺得自己跟其他公司成員有疏離感，造成許多人對於遠距工作的負面觀感。

如果客觀情勢都符合以上條件，正在考慮遠距工作的你，就像是打者上壘面臨兩好三壞的處境。

遠距工作的第一個好處是有塊狀工作時間可進行學習、培養興趣。線上世界有許多必要而關鍵的新知，都需要獨自而專注的時間。第二個好處是節省了通勤時間和辦公室垃圾時間，甚至去構思副業的可能性。然而，遠距工作的潛在威脅是將遠離辦公室政治，對於社交花蝴蝶的你來說可能有影響。此外，螢幕之前人人平等，喜歡指揮、監控下屬的你從此也少了魅力舞台。隨著虛擬辦公室成形，你的工作職位也可能隨時被世界上其他地方的優秀人才取代，必須時時精進自我。

聽起來有些可怕，但有決心的你還是可以克服，順利上壘，免於出局的命運。畢竟從過去七早八晚通勤，轉變為在某個小島上曬太陽遠距上班，這樣的轉變還是值得的，不是嗎？祝福你在新時代擊出職涯全壘打，努力工作，享受人生。

【推薦者簡介】陳詩寧／Celine

傳統產業高階經理人，回台後學習數位技能，有兩年的遠距工作經驗，在遠距工作的同時重拾文字與影像創作夢想。現於科技公司擔任行銷長，並創辦「#大人的數位轉型」粉絲專頁。

目錄

第二部　遠距工作企業的成功法則

序言

二〇一七年，我們公司「加速夥伴」（Acceleration Partners）決定進軍英國。公司領導團隊和新任的總經理做了一項關鍵決策：能否以及如何在這個新區域延續遠距工作政策？遠距工作政策在我們美國員工之中已進行了十年，並為公司文化打下基礎，獲獎無數。

當時在英國，居家工作的型態比在美國還罕見，所以不難理解我們的新任總經理擔心潛在客戶及員工不容易接受遠距工作。

就經驗來說，首次從事遠距工作的員工在加入我們的團隊後很快就適應了。然而，我們也了解，以不同於傳統文化規範的工作方式進入新市場有其風險，於是最後達成一種折衷方案——為員工提供共享辦公空間*，讓逐漸成長的公司團隊能夠實際碰面一起工作，也可以和客戶面對面開會。

結果，有趣的事發生了。幾個月後，英國團隊幾乎沒有人繼續使用這個共享辦公空間。縱使對當地所有員工來說，遠距工作是一種新穎作法，他們卻全都快速適應，不久就偏向選擇在家工作。許多英國團隊的成員都熱切的表示感激，他們真的很高興可以不必再每天通勤，根本不想再回到過去整天待辦公室的工作模式。

我們公司跨足到英國發展的經驗，說明了許多公司在轉換為遠距工作時所發現的事：有些對遠距工作毫無經驗的公司誤以為這對他們來說不可行，因為遠距工作並不適用於所有人，但事實是——許多人慢慢發現——它其實比傳統思維所想像的更容易實現。

* 譯注：flex office space，員工無固定位置，共享辦公空間，是比傳統辦公室型態更有彈性的工作空間。

公開的祕密

多年來，遠距工作逐漸成為趨勢，從原本只有少數人採用的工作策略，轉變為許多員工和公司雙方都欣然接受的模式——就連知名的大型機構也是如此。

即使過去十年中，遠距工作一直有種洗刷不去的汙名。未曾經歷這種工作方式的人，對此刻描繪的情景是：遠距工作時員工會偷懶、穿著睡衣在家晃來晃去，甚至是工作時一直休息。

這種錯誤的想像不僅使認真的員工對於在家工作心存疑慮，也使客戶及顧客無法信任遠距工作的表現。在我們公司剛起步時就不斷的感受到壓力，大家覺得需要特別努力工作以證明我們即使沒有辦公室也能提供頂級服務。有些遠距公司甚至認為必須對客戶隱瞞沒有辦公室的事實，以免降低顧客的信任度。

但現在時代變了，遠距工作已不再是需要隱藏的祕密。採取遠距工作型態的公司更樂於與客戶分享自家企業的工作模式，也視這種工作型態為吸引人才的新興競爭優勢。

美國引領了遠距工作的風潮。過去五年來，這種工作型態成長了44％，放眼過去十年來看則成長了91％。然而，這股風潮早在二〇二〇年Covid-19重創全球，迫使幾乎所有公司都轉變為遠距工作形態之前，就已經開始在其他國家流行；而且，儘管對於這項轉變的經驗和準備有限，依然有許多企業發現就算轉為遠距工作，它們大部分的工作內容仍能正常運作；許多當初對此持懷疑態度的員工也發現，遠距工作比預期來得合適。

辛苦通勤

早在Covid-19疫情出現之前，到實體辦公室上班的缺點就已經變得越來越明顯了。美國的上班族在二〇一九年平均花費二二五小時在通勤上，也就是整整九天！過去四十年來，上班族的通勤時間不斷持續成長。英國的平均通勤時間是**來回**

各五十九分鐘；在印度，則是每天要花超過兩小時通勤上班，也就是一整天有7％的時間都花在上下班的路程上！

不管是在世界上的哪一個角落工作，通勤時間都只會越來越長，特別是在那些房價節節攀升的地區更是如此。為了購買負擔得起的房子，大部分的上班族都只能選擇長途跋涉。

在大部分必須進辦公室上班的企業裡，辦公室環境根本無法降低員工的壓力及挫折感。過去十年來，職場上進行了規模龐大的開放工作空間實驗，但也證實了這種作法對員工的生產力根本沒有幫助。《衛報》（*Guardian*）做的一項調查指出，在開放式辦公室工作的員工每天平均會因為分心浪費八十六分鐘，病假相較於傳統辦公室員工多出七成，也比較常早退。種種現象加起來，形成了員工較過去的通勤時間更多，到辦公室的工作效率卻更低。

這種負面趨勢無法為業界帶來良好的生產力，這也正是為什麼當全世界數以百萬計的上班族突然被迫在家工作後，卻比企業主們原本以為的更樂於接受在家工作。雖然是因為Covid-19才引發了史上最大規模的遠距工作實驗，但放眼全球，我們完全有理由相信在家工作會成為一種新常態。像推特（Twitter）等大型公司已告知員工，如果不想回辦公室上班，可以一直遠距工作。我相信，能夠打造成功遠距工作文化的組織將成為明日的領袖，並吸引到最棒的人才。

競爭優勢

我在二〇〇七年成立加速夥伴時，起初會決定讓員工百分之百採取遠距工作，其實是想預先避開公司營運上可能會遭遇的痛點。

我們是一個專業機構，屬於所謂聯盟行銷或夥伴行銷（affiliate/partner marketing）的數位行銷中一環。在這種模式裡，品牌和個人、公司合作（稱為聯盟、夥伴或發行者）以取得想要的成果，並按績效支付酬勞。這個商務領域近十年來有顯著成長，但因為人才的口袋名單少且分散，在當時仍比較屬於小眾市場。

我們獲得大量客戶，需要行業中有經驗的客戶經理——但適合的人才分布在全美各地，任何單一城市都沒有足夠經驗且可以網羅的聯盟計畫管理人才。我們原先以為遠距工作模式只是暫時的解決辦法，但後來發現遠距工作形成的競爭優勢及彈性實在為公司及員工帶來太多好處。

比起到辦公室上班的組織在雇用員工時受限於地理區域，我們從美國各地雇用遠距工作者來打造團隊，因而使用更大的人才庫。因為實行了遠距工作模式，我們得以雇用公司需要的人才，並且提供他們彈性的工作形態，使員工滿意，才能留住人才。

這是全球各地的公司都可以仿效的一種優勢，尤其是為多重區域的客戶或顧客提供服務的企業。現今科技讓各行各業能夠以分散及遠距的員工來營運，很合理，全球各地的公司也可以運用這個能力不分地點的尋找並取得最佳人才。

舉例來說，儘管我們的全球拓展計畫最早始於英國，但藉由從歐洲各地雇用員工的模式，可以為多重國家的客戶提供更好的服務。而且因為不需要在提供服務的每一個市場先注資設立辦公室，這樣雇用員工也更快、更容易到位。

更平等的職場

聘雇遠距工作的員工也是建立更平等職場環境的重要作法。當前的現實是：在紐約、舊金山和倫敦這種大都市，生活花費對許多專業人才來說都高得令人卻步，特別是對那些已經背負學貸的年輕人才來說，更是難以承擔。然而，目前業界的常態，企業的實體辦公室通常設立在物價昂貴的大都市，因此那些掌握更多資源、更有餘裕的人就具有更多優勢。這對於有色人種的工作者來說更是重要議題，因為他們與身為白人的職場競爭者相比，通常處於經濟劣勢。例如，美國非裔與拉丁裔家庭的平均財產為七千美元，然而白人家庭卻平均擁有高達十四萬七千美元的財產。經濟劣勢族群中，有更多人必須負擔學生貸款，也較無法負擔高昂的居住成本以及創業可能面臨的嚴重風險，因此更加劇這種財富不均的現象。

如果企業在招攬人才時，不必將人才資源局限在昂貴的都市區域，就能夠為更大範圍的工作者敞開機會的大門，員工個人的經濟背景也就不再是求職時的限制。

遠距工作模式使企業能夠招募更多元背景的人才，這只是其中一項好處；另一項重要優勢則是能夠為員工帶來工作彈性。針對工作與生活之間的時間彈性一直存在各種討論，勞工也出現更多期待，相對降低了大家對於傳統整天待在辦公室的工作模式的偏好。

放眼全球，勞工對於工作與生活如何相互結合的看法都已經改變。有越來越多員工希望擁有更多彈性與自主性：他們希望可以到處旅行，擁有更多個人及與家人相處的時間，甚至希望擁有發展副業的自由。零工經濟（gig economy）的興起使工作職位的流動性增加，也拓展許多「一人公司」簽訂外包工作的可能性，進而使工作機會不再受到地理位置的限制。

光是在美國，比起十年前就多了超過六百萬的獨立工作者。其中有三百萬名工作者正反映了人力資源開始傾向接受遠距工作形態，遠離過去傳統雇傭關係的工作型態。

如果沒有遠距工作型態帶來的機會，這些人才可能就只能在工作選擇較受限的區域尋找全職工作。這些大有前景的人才也可能因此直接退出傳統雇傭形式的人力資源市場；在其他選項都不盡人意的情況下，轉而選擇靠自己決定想要怎麼工作、在什麼時間工作。

願意提供遠距工作型態的企業正好可以吸引這些族群的工作者，藉此取得優勢。如果工作彈性在職場上成為越來越吸引人的優勢，提供員工工作上的彈性及採用遠距工作方式，就是持續跟上這種需求的最佳方式。

遠距工作

現代企業有一項過人優勢，就是當今的工作者更容易接受遠距工作型態。十年前，遠距工作的員工必須克服大部分人的誤解，他們會被誤以為不願意認真工作，反而把重心放在照顧年幼的子女身上、忙著看電視、處理私人雜務、無法善加掌握個人的時間及工作計畫。

提倡遠距工作的企業花費數年才克服這些來自外界的偏見，並且證明他們就算沒有實體辦公室，依舊能提供優質服務。以往人們對於遠距工作者在家偷懶的那種印象，已經被擁有明確紀錄的優質表現和工作成果所取代。因為有過去採取遠距工作的先鋒們努力，今日的電子商務產業才能如魚得水。

如果你考慮加入實行遠距工作的公司，或是自行創業並採取遠距處理商務的模式，進而讓工作團隊從此開始遠距工作，你現在已經比過去走在這條路上的企業更占優勢。

創造有優良表現的遠距工作文化並不容易，但企業只要打好基礎、按圖索驥並有計畫的達成目標，就能獲得以倍數成長的龐大好處——從我在加速夥伴的經歷就可以深知這一點。自從我們在二〇一一年決定全面投入建立遠距工作文化開始，十年內公司就成長了超過十倍，工作團隊也增加至近兩百位員工，遍布全球八個不同國家。豪華的辦公室、休息空間裡的桌球桌、在辦公室安排咖啡師和按摩師——我們雖然沒有這些條件，卻依然贏得數項「最佳職場」獎項。顯然，這些「好處」並不是成就良好公司文化的重點。然而，有些公司卻試圖運用這些福利來掩蓋糟糕的工作環境，希望把員工永遠留在辦公室。

與其優先選擇投資實體設備，其實我們可以專注於投資工作團隊的成員——不管員工個人素質或是工作能力，都是投資重點。我們的工作型態不會每天與同事面對面互動，因此我們選擇招募重視獨立性與工作彈性的員工，從他們加入公司的第一天開始，就不斷為他們的發展投注資源——這就是遠距工作環境能成功的關鍵要素。我們公司的領導者幾乎都是一路跟著我們成長的員工——加速夥伴的管理層有80%都是由內部員工升任。

遠距工作就是商業世界的最新趨勢。我從親身經驗可以告訴大家，只要有效運用遠距工作模式，勢必可以為員工帶來更快樂也更投入的工作環境，這些更是公司取得競爭優勢的關鍵。

如何閱讀本書

你可以期待在本書讀到以下內容。

首先，我們會先從遠距工作的員工開始講起。我們會一起探討遠距工作帶來的挑戰、應對的解決方式和成果，同時確保各位進行遠距工作時不僅能樂於投入，更能使成效卓越。我們知道許多人因為Covid-19的影響，在措手不及的情況下被迫開始遠距工作，我們也會深入探討，各位如果在Covid-19之後仍必須繼續遠距工作，未來會發生什麼事。

接著，我們會討論企業領導者可以運用的管理指南，並藉此建立世界級的遠距工作文化。我們會一起檢視，如果想成為採取遠距工作模式的頂尖企業，到底需要哪些架構性的原則，包括：深入了解遠距所需的工作文化，以及向大家說明擁有正確的企業文化做為基礎，就能夠敦促並支持員工採用遠距工作模式。

我們從這裡開始探討在遠距工作環境可以實行的策略。只要制定了正確的系統及流程，大部分的員工和企業即便是在家工作，也能獲得出色成果。然而，如果各位想要擁有良好的工作表現，就必須避免把在實體辦公室常用的工作程序與策略直接挪用在遠距工作模式上。

各位讀者可以根據個人在職場上的角色自由選擇如何閱讀本書：直接從第一部〈成為遠距工作者的必勝心法〉開始閱讀，可以協助你更深入探索遠距工作的方式。或者，你也可以直接跳到下一個部分，閱讀〈遠距工作企業的成功法則〉，我們將探討遠距工作模式下有關領導管理層面的議題。請讀者隨心所欲選擇從哪裡開始閱讀，但其實我們很快的就會發現，幾乎所有人都同時身處在遠距工作的員工與公司兩端

第一部

成為
遠距工作者的
必勝心法

第一章　遠距工作到底是什麼？

當蘇菲．派瑞—比林斯（Sophie Parry-Billings）決定開始遠距工作，她身邊的人卻都開始為她緊張。

「所有聽到我要遠距工作的人——我的家人、朋友、男友——都很擔心這件事。」派瑞—比林斯在解釋為何她選擇開始遠距工作時說。「因為我非常善於跟人打交道，我喜歡跟人相處。」

派瑞—比林斯於二〇一七年進入加速夥伴工作，擔任我們歐洲、中東和非洲地區的行銷副理。在加入我們的工作團隊之前，她不論正職、兼職都沒有遠距工作過。除此之外，她住在（現在也依然住在）倫敦，當時遠距工作在倫敦業界是前所未聞的工作模式。

派瑞—比林斯身邊的親朋好友都認為，她在家工作一定會很孤單，更遑論她還是親友中唯一遠距工作的人。即便她從來沒有體驗過在虛擬辦公室工作的感覺，卻依然認為自己一定能夠怡然自得，所以她不顧一切的做了這個決定。

雖然比林斯以往在實體辦公室裡的確有不錯的工作體驗，但她前一份工作的辦公室，是按照新時代的工作空間形式打造而成的，實際身處其中後才發現，那根本是令人抓狂的工作環境。她整整六個月都在巨大的開放式辦公室工作，得跟五十位同事共享空間，在長形的辦公桌上工作，每天都得應付無數令人分心的事。

「我超討厭那個辦公室，那裡很吵，同事又愛搞小團體，辦公室裡一天到晚在放音樂。」派瑞—比林斯回憶：「我的辦公桌旁邊就擺了一個 Sonos 音響，但我根本無法控制音響要開還是關。」

除此之外，為了去那個令人分心的工作環境辦公，派瑞—比林斯每天得花九十分鐘通勤，上下班加起來得擠兩次地鐵。你我都對她說的這種糟糕工作體驗很熟悉，卻不知道其實有更好的工作環境和模式可以選擇。

即便飽受惡劣的工作經驗摧殘，派瑞—比林斯加入我們的工作團隊後，一開始依然沒有主動尋求可以遠距工作的職位。倫敦的辦公室文化早已根深蒂固，上班族每天通勤到市區，下班後就跟同事去喝一杯，禮拜五下班後直奔夜店更是稀鬆平常。二〇一七年，遠距工作在英國還是相當罕見，因此外部人士在視訊會議中看到派瑞─比林斯在家辦公，總是瞠目結舌。她決定開始遠距工作，就是把握機會、成為業界先鋒的開端。

即便派瑞─比林斯身在全世界數一數二難以接受虛擬辦公室的城市工作，再加上她生性外向；然而，她很快的就適應了，也從此愛上遠距工作模式。

派瑞─比林斯特別喜愛遠距工作可以彈性規劃時間的優點，她不必犧牲工作，就可以更注重自己的身心健康和人際關係。以往在實體辦公室工作時，她往往必須盡早下班，以避開地鐵的尖峰人潮。而且都在辦公桌前快速了事的吃午餐，晚餐通常也只吃垃圾食物──畢竟，一整天工作結束後還要通勤回家，她已經筋疲力竭，不想再準備正餐。

自從轉換為遠距工作模式後，她說她開始享受到「徹底改善生活品質」的優點。她可以在工作之間排出空檔做運動、烹煮健康的餐點。她可以有更長的時間安靜、專注的工作，不必被同事吵鬧的聲音、嘈雜的音樂打擾。她甚至可以更常拜訪住在其他城市的家人，跟他們長時間相處。

「以前，如果我想跟家人待久一點，就得請假。」派瑞—比林斯說：「但現在我可以直接在火車上或是在老家工作。比起以前得把握週末回家，卻只能住一個晚上，現在我有更多時間可以跟家人相處。」

派瑞—比林斯知道，她的遠距工作體驗還不是最完美的狀態。倫敦的住宅空間都不大，因此她剛開始在家工作時，因為居住空間大小的限制，不得不把辦公桌擺在臥室。一開始，她很難把工作跟生活的時間切割開來，不知道該怎麼訂下結束一天工作的明確時間點。對她來說，遠距工作的各種優點雖然遠遠勝過缺點，但依然有一些調整空間，而且那時候還沒爆發 Covid-19 疫情。

她特別強調，幸好她加入一家全面遠距工作的公司，而非只是一般實體辦公室中少數採遠距工作的員工——我們知道，對於歐洲的工作團隊來說，遠距工作並非行之有年的慣例，因此我們盡可能為他們提供流暢的到職程序，並且確保他們有足夠的資源可以順利適應遠距工作的型態。

派瑞─比林斯身為管理者，也協助許多下屬適應我們彈性的工作環境。會加入我們公司的人通常都是認真又可靠的員工，因此上司偶爾得提醒員工，讓他們知道其實可以自由制定適合自己的工作計畫，只要完成分內工作，並且跟客戶、同事都溝通清楚就好。剛開始在家工作時，派瑞─比林斯自己也是那種特別需要他人鼓勵才敢於善用工作彈性的人。

「我剛開始花了一些時間才適應這種工作時間非常彈性、一切由自己掌握的狀態。」派瑞─比林斯回憶：「我會丟訊息給我老闆，跟她說『嘿，我要去運動一下哦。』然後她就會回我『妳不用跟我說啦，想去就去。』她自己也都是這樣彈性安排工作時間。」

良好工作環境的重要基石，就是信任，對於遠距工作的組織來說更是如此。派瑞─比林斯的親身經驗可以告訴我們，只要信任員工，讓他們自由掌握時間，盡可能善用在家工作的彈性，就能讓員工享有遠距工作的最大益處。

當然，員工本身也該做好自己的分內工作。遠距工作並不是提供偷懶的機會讓員工恣意妄為、隨意請假、整天賴在床上辦公。如果你是個不負責任的人，難以在沒有明確限制、無人監督的環境裡敦促自己，又不想花心思準備適當、專業的工作環境，卻又想要有良好的工作表現，那遠距工作對你來說一定會非常困難。

「你一定要很自律。」派瑞—比林斯如此建議。「你要能夠掌控自己的時間規畫，就算不在辦公室也能夠專心工作。」

遠距工作的致勝心法本質其實相當簡單：延攬認真、自律、負責的員工，給予他們足夠的信任、完善規畫的工作程序及優良的公司文化。

事實上，端看你為哪種公司工作，就可以預測在家工作的情況會有多好。從員工的角度來看，如果公司有健全的文化、員工認真又團結、公司制度完備，遠距工作一定大有好處。

遠距工作並非任何公司都能一夕之間就順利轉換的工作模式。在 Covid-19 爆發後，派瑞－比林斯從她朋友身上觀察到的狀況是：因為疫情，英國大部分企業在還未規劃妥善的遠距工作系統之前，就被迫要開始在家工作。

只要規劃適當的環境、架構、系統及規範，對遠距工作的員工來說，這種工作模式具有無限可能。事實上，不管員工打算在哪裡工作，只要遵循正確的途徑，大家都能增進工作效率，也讓自己更快樂，在家工作也會更加充實。

派瑞－比林斯本人一點也不想再回到實體辦公室工作。儘管當初親朋好友都很為她擔心，但她發現，遠距工作可以為她帶來意料之內、意料之外的各種好處。

「我覺得自己這麼樂於遠距工作，跌破了大家的眼鏡。」派瑞－比林斯笑著說。

遠距工作的基本功

先前已向各位讀者提過，大眾對遠距工作仍有些誤解，其中包括認為遠距工作成效不彰的成見。很多人認為在家工作的員工不夠可靠，或是以為他們會被居家生活影響而無法專心工作——但其實這些都只是偏見。

不僅是我們公司，許多企業組織也發現，遠距工作的實際情形大部分都與世人的誤解恰好相反。遠距工作的員工就算真的因為在家工作而使私人生活與辦公相互影響，通常也是比較注重工作，反而忽略了居家生活。舉例來說，有些員工覺得遠距工作時，難以劃出工作與私人時間的清楚界線。他們很難在該下班的時間就立刻真的從工作中抽離，好好休息，為自己充電、想辦法紓壓。有時候，這些員工甚至難以自拔、無法果斷結束一天的工作時間，他們會三更半夜還查看電子信箱，甚至把筆記型電腦放在床邊，好在睡前再查看一次信箱。

Covid-19 期間所做的調查也證實了以上趨勢。因疫情爆發而開始在家辦公的員工，比起以往在辦公室上班更難從工作中抽離，他們在上班時間以外的時間傳送工作訊息的頻率比過去增加了一倍。

為了解決這個問題，採行遠距工作的組織勢必得努力灌輸員工——從基層員工到高階管理層都是——一個觀念。要遠距工作，務必先做好紮實的基本功：擬定工作計畫並確實執行、打造適當的工作環境、建立公私分明的界線。

工欲善其事，必先利其器；想在遠距工作時如魚得水，就必須讓自己一開始就擁有最佳的工作環境、使用正確的工具。如果你只是挖出自己大學時用的筆記型電腦，打算直接窩在沙發上工作一整天，抱持這種心態遠距工作，很快的你就會遭遇挫折、疲憊不堪。

科技與設備

首先，你得確保自己擁有在遠距工作中所需的硬體設備及技術能力。如果你的工作內容必須時常跟客戶視訊，或是不時得上傳、傳送巨大的檔案，就一定要確保你所使用的設備及技術不會拖累工作效率。

請先確認你所使用的網路連接速度。雖然現今大部分人家裡都有高速網路，但實際的網路傳輸速度差異還是很大，所以得先確認你所使用的網路方案是否符合使用需求。大部分的電信業者都會把下載速度當作網路方案的主力銷售點，但對於時常需要講視訊電話，或是上傳檔案到雲端的使用者來說，上傳速度也同樣重要。千萬別先入為主的以為，你家網路的上傳與下載速度一定一樣快——電信業者常常提供絕佳的下載速度，但上傳速度卻不怎麼樣。大部分的遠距工作組織都建議，如果家裡只有一位使用者，網路的上傳及下載最好都至少要達到每秒二十五百萬位元(25 Mbps)的速度；如果你家有許多台網路裝置，或是有其他重度網路使用者，所需的網路速度也要大幅提升。

許多電信業者都會提供免費、快速的網路測試工具，供使用者測試網路環境及裝置的速度。Ookla 的 Speedtest 網站是被廣泛使用、免費又快速的網路測速工具。如果你的網路上傳或下載速度有待提升，推薦各位盡快聯絡電信業者，看看對方是否能提供更快速的網路方案。

免費網路測速資源

- Ookla Speedtest‥speedtest.net
- 網路速度測試‥fast.com
- 個人電腦雜誌（PC Mag）‥pcm-intl.speedtestcustom.com

裝置數量	用途	建議下載速度
1～2台	一般上網瀏覽、收發電子郵件、使用社群媒體、觀賞一般影片	約25百萬位元
3～5台	線上多人遊戲、觀賞4K串流影片	50～100百萬位元
超過5台	以上所有用途加上分享大型檔案及直播串流影片	150～200百萬位元

員工應向主管和公司詢問，處理工作的筆記型電腦所需的處理速度、硬碟儲存

容量和無線網路是否有任何特定需求，以求符合公司標準；別忘了，筆記型電腦在頻繁使用二～三年後，效能可能就會開始下降。有些公司會提供清單，列出工作所需的基本技術設備。

下一頁是我們為新進員工提供的技術設備清單，僅供各位參考。我們每年都會更新這份清單。

● **作業系統需求**

Windows

Windows 10 專業版64位元（家用版沒有公司所需的安全防護功能）。

如果要使用配備 Windows 10 家用版的現有電腦，請上微軟官方網站升級為專業版或商用版。

● **建議電腦硬體設備最低所需規格**

Windows

→ 處理器：Intel i5（最低所需規格）

→ 記憶體：至少 8 GB（建議提升到 16 GB，效能更佳）

→ 磁碟空間：強烈建議使用 256 GB 固態硬碟（512 GB 更好）

● **建議網路設備及頻寬**

無線網路標準

→ 802.11x 的無線網路標準（n/ac 更好）

頻寬

→ 至少25百萬位元的上傳／下載網路速度（越快越好）

無線網路設備（路由器）

→ 任何現代的無線網路設備都可以

非必要但強烈建議：加購兩年或三年的延長保固（例如：Dell Pro Support 的次營業日現場維修服務等）

打造自己的舞台

因為視訊會議的機會爆炸性的增加，你在如小舞台一般的居家辦公空間遠距工作，勢必會花費大量時間在網路上——而且有時候觀眾還不少。因此以下幾項是我認為相當值得各位讀者在開始遠距工作前就添購的配備，可以讓你工作時更高效、看起來也更專業。

特別是如果你擔任的是必須對外接洽的職位，例如業務、公司領導階層或客戶服務，務必要盡可能讓自己看起來十分專業。即便現在大家對於在視訊會議裡看到對方居家辦公已不太意外，但如果你的工作空間光線昏暗又雜亂，或是收音不佳，可能會讓公司外部的往來對象對你產生不良印象——甚至是讓你的新老闆對你觀感不佳。

第一印象相當重要。以下幾項建議及資源可以協助各位在虛擬工作環境中讓所有人留下絕佳印象。

另一台螢幕

同時使用兩台螢幕其實非常方便，讓你可以一次處理更多事情。可以比對多個檔案，也可以避免你在筆記型電腦前彎腰駝背一整天。

耳機

講視訊電話時，請各位務必要使用耳機，不管是耳塞式耳機，或是內建麥克風的耳機，都比使用電腦內建的揚聲器來得好。有些人偏好使用連接麥克風的耳罩式耳機，也有些人選擇使用像蘋果 AirPods 那種藍芽耳機，還有人乾脆使用電腦內建的麥克風搭配便宜的耳塞式耳機——重點是，在講工作相關的網路電話時，千萬不要使用筆記型電腦內建的喇叭，它通常會把周遭環境的雜音都收音進去，於是對方說話的聲音會從你的電腦喇叭傳出來，再被麥克風收音進去，形成令人分心的回音。這樣在你聽到對方聲音的同時，對方也同時聽得到自己的聲音，這種通話品質不太理想。

鏡頭

現在大部分的筆記型電腦都內建品質優良的鏡頭，但如果能另外買個不是太貴又可以夾在螢幕上的高畫質視訊攝影機也很不錯。或是你也可以把鏡頭架在腳架上，呈現更清晰的視訊畫質，還可以控制鏡頭的位置和角度。羅技（Logitech）有一些不錯的產品可供各位選購。

燈光

在遠距的溝通過程中，我們時常忽略室內燈光的重要性。其實市面上有許多平價燈具可以選擇，不論擺在筆記型電腦旁或甚至夾在螢幕上，都可以讓你在對方的螢幕裡看起來大不相同。環形燈可不是ＩＧ網紅的專利——這種燈具不貴，又可以輕鬆為你在每天的視訊通話製造良好的燈光效果。你可能也已經發現，在工作空間導入自然光也非常有效，不僅可以改善視訊電話裡的畫面光線，也可以讓工作空間的氣氛更好。如果可以把工作空間安排在有窗戶的房間，長遠來看，可以令你在家工作的空間更舒適。

個人工作區或升降式辦公桌

為了讓各位能長期、舒適的在家工作，務必要確保你的工作空間夠舒服，讓你可以長時間待在那裡。各位可以考慮買一把人體工學辦公椅，一整天工作下來可以坐得更舒適；或甚至選擇添購升降式辦公桌，讓你可以長時間站著工作。

專業視訊背景

講視訊電話時，最理想的背景應該要乾淨、整潔，讓對方感覺你即便在自己家裡，環境依然專業又有條理。雖然在家工作越來越普遍，但在講視訊電話時如果搭配沒整理乾淨的床鋪和成堆的髒衣服當作背景，可能會讓對方對你的印象大大扣分。

許多視訊軟體都提供虛擬背景。然而，因為每位使用者的燈光和配置不同，這種虛擬背景可能會造成使用者本身的影像看起來時有時無，很奇怪又會令人分心。所以在設定虛擬背景之前，務必先行測試使用效果。

如果你是公司的高階管理層或是講視訊電話的頻率很高，家裡卻沒有夠乾淨整潔的地方當作背景，我就會強烈建議各位購買綠幕。使用綠幕可以大幅提升視訊軟體虛擬背景的效果，而且不管你家裡到底長什麼樣子，都能夠讓你在畫面中看起來依然專業。我以前使用過一種無法妥善收納的塑膠背景，實在太占空間，後來終於找到兩百美元的可折疊式綠幕，不使用時可以收進地上的收納盒，收納簡便又不占空間。因為有了這個綠幕，我的虛擬辦公室看起來超逼真，常常有人在跟我視訊時問我背景裡的物品在哪裡買的呢！

市面上另外有比較便宜的綠幕可供選購，也包含以一般布料製成的版本。大部分的視訊會議平台上都有設定綠幕的選項，這些虛擬背景的品質也已大幅提升。

濾藍光眼鏡

最後一點是，各位可以考慮把錢投資在購買濾藍光眼鏡上，以利過濾電腦螢幕的藍光。根據個人的視力狀況，可以選擇找專人配鏡，或是配戴平光的濾藍光眼鏡。配戴可過濾藍光的眼鏡，可以減緩眼睛盯著電腦螢幕一整天後產生的疲勞感；在晚上使用電腦時配戴濾藍光眼鏡，也可以增進睡眠品質。

許多遠距工作的組織都會提供員工在家工作的津貼，可以用來購買這些提升在家工作品質的配備。但即便公司只願意負擔部分費用，或根本沒有補貼，以上配件其實都是一般人負擔得起的物品——一定比各位每天通勤上班所需的交通費用來得少——也能讓你取得成功的優勢。

備齊所需的技術與配備，只是轉換為遠距工作的一部分準備。調整正確心態，也是讓你能夠張開雙手擁抱全新工作模式、迎接伴隨而來的好處的致勝關鍵。

技術資源清單

基本／必須

- ↓ 無線網路標準為 802.11x
- ↓ 至少每秒 25 百萬位元的上傳／下載速度——千萬別先入為主認為家裡的網路速度上傳和下載一樣快
- ↓ 內建網路視訊鏡頭的筆記型電腦，配備 8 GB 記憶體及 256 GB 固態硬碟
- ↓ 內建麥克風的耳機，或是有獨立麥克風的耳機

進階

- ↓ 另一個螢幕
- ↓ 筆記型電腦支架
- ↓ 無線鍵盤或無線滑鼠

↓高畫質網路視訊鏡頭

↓濾藍光眼鏡

高級／頂尖

↓環形燈或燈箱

↓綠幕背景

↓升降式辦公桌

第二章　發揮遠距工作的最大效益

接下來我們將深入探討，遠距工作的員工如何打下良好的工作基礎，盡可能借助遠距工作的彈性讓他們於公於私都能獲益，並且保持對工作的熱忱、專注與投入。閱讀本章的過程中，各位讀者可以參考部分資深遠距工作者的體悟——不管是在疫情爆發之前或是之後，這些一直都採取遠距工作方式的工作者們，為自己的人生帶來了深遠的改變。

事先設定期待值

如果你是第一次遠距工作，請務必事先為新同事們設定對你的期待值，讓大家知道你的工作時程安排。每個人每天的工作時間安排可能略有差異，因此如果能讓上司、同事對你的安排了然於心，再好也不過。例如：你可能喜歡從早上九點工作到晚上六點，每天中午十二點安排一小時的午休時間。

遠距工作的一大禁忌就是，同事認為你應該在工作時卻找不到人。遠距工作的環境下，若是在事先規劃好的工作時間卻消失或很難找到人，會迅速消耗同事對你的信任。

我們曾經有位員工並未事先交代他的個人狀況，因此我們不知道他到職前根本就還沒安排好工作時孩子該請誰代為照顧——我們在招募新員工時就已經清楚說明，如果有這種情形請務必事先提出。因為這種情況顯然會影響員工工作時的專注度和表現。後來，主管直接與這位員工溝通，坦白的與他討論工作表現不如預期的問題，才發現問題根源其實是員工事先並未誠實告知情況。這位主管表達了對員工未如實交代的不滿，但也表示願意和員工一起努力想出解決方法。然而，最終這位員工還是離職了，因為他發現，一旦破壞了工作團隊對自己的信任就難以挽回。

遠距工作有一項絕佳優點，就是能夠彈性安排工作時間，特別是對於有小孩的員工來說，這更是一大好處——不過很重要的是，千萬不要把這種方便當成隨便。除非是遇到學校無預警停課或孩子生病的情況，不然實在不應該一心二用的同時處理工作又照顧孩子。我們絕對不建議各位嘗試一邊育兒一邊工作，同時處理兩件事勢必會令你在兩件事上都事倍功半。遠距工作絕對有足夠的時間彈性；然而，因為可以妥善安排工作與家庭生活而選擇遠距工作（例如：遠距工作的時程安排、彈性工作時間、可以按需求安排時間接送小孩），與試著同時工作兼顧小孩——這兩者之間的意義其實截然不同。

事先安排好工作時程，並且與工作團隊清楚溝通；這勢必能夠確保你的工作時間與私人行程都能維持良好品質，不受打擾，又不必背負一心二用的罪惡感。

疫情下的工作型態

因為 Covid-19 疫情衝擊，許多上班族的首次遠距工作經驗就在學校無預警關閉、突然沒人可以代為照顧子女的情況下展開。當然，遭遇這種情況，公司主管和其他同事一定可以理解、包容某些員工努力工作又要身兼父母職責的難處，但目前社會運作漸漸重新回到正軌，有更多人改採在家工作的模式，因此員工被工作和育兒責任夾擊，也不該再被認為是常態。

好消息是，如果上班族父母因為疫情影響而開始遠距工作，卻仍然維持出色表現，在眼下不必被迫工作兼育兒的狀況下，你一定會更享受、更樂意遠距工作。以下示範我們如何向遠距工作的新進員工說明工作規範。

公司文化與環境

加速夥伴的遠距工作環境為所有員工提供絕佳的工作彈性。我們對各位的工作表現有高度期待，同時也深信家庭與個人人生目標的價值。因此，身為加速夥伴的員工，只要安排好工作時程、事先計畫、與同事清楚溝通，就可以擁有全面彈性工作的自由，讓各位能夠找到屬於自己在工作與私人生活之間的平衡。

如果你在一般認定的工作時間內會不在位置上或無法工作，請提前告知主管，並事先安排好工作時程，也務必與工作團隊的其他成員溝通，好讓大家擬定工作計畫。請務必與主管妥善討論工作時程。

「優秀的領導者清楚每個人的人生都充滿變數，最好的企業組織則能持續接納團隊成員人生中的變化，並找出相應的解決方案、達成目標。」

對員工的期許

↓ 不懂就問、不會就問、不清楚就問。

↓ 努力解決問題，努力找出解決方法。如果你無法在合理的時限內想出解決方案——請參照第一條，直接開口問。

↓ 與所有人清楚溝通你上線工作、離線休息的時間。

↓ 假期不分長短，該休就休。

↓ 設定明確的休息時間，掌握該為自己充電的時機。在這裡，沒有人期待你當超人。

↓ 在Slack*上標注「#三大目標」，寫出你今天的三大首要工作目標。

↓ 察覺某些事情（工作程序、目標等）有問題，或是你認為自己可以使其更完備時，勇敢說出來並提供你的解決方法。

↓ 主動出擊——讓實際行動成為你的工作經歷。

* 譯注：一款以雲端運算技術為基礎的團隊工作平台。https://slack.com/intl/zh-tw/

↓別忘了在 TINYpulse* 上給同事意見回饋和鼓勵。

↓善用判斷力，必要時公司會挺身而出支持你。

↓如果加速夥伴的工作環境已不再適合你，或是你在這裡已無法樂在工作，沒關係，我們可以好好溝通。我們會先嘗試為你改善狀況，如果真的都不可行，我們也會在你尋求更適合的工作機會時助你一臂之力。我們不喜歡員工突然提離職——請給我們機會改善。

～以上資訊出自《加速夥伴新進員工指南》

遠距工作心得分享：如魚得水

有些員工踏入遠距工作的領域時，懷抱著忐忑不安的心情。即便你很期待不必再通勤上班，或是很享受一個人安靜工作的狀態，多少還是會有點緊張，不確定自己在這種截然不同的環境下工作會不會開心。對於那些至今都只在實體辦公室工作過的員工來說，更是如此。

另一方面，有些人則非常篤定自己一定會喜歡遠距工作，並且主動尋求這種工作機會。接下來各位將讀到泰絲．威爾史密斯（Tess Waresmith）的親身經歷，她就是很清楚自己適合遠距工作型態的那種人。威爾史密斯在二〇一六年加入我們的團隊，目前擔任業務營運總監。雖然她在加入加速夥伴後才開始第一份全職的遠距

* 譯注：一款供企業員工回饋意見的軟體。https://www.tinypulse.com/

工作，但她過往的工作經歷也都是遠距工作。威爾史密斯上一次在實體辦公室任職，已經是她大學實習時的事情了。然而，光是那一份實習工作，就足以讓她了解到自己不適合朝九晚五的上班族生活。

對威爾史密斯來說，僵化的辦公室工作型態如同牢籠一般。她不喜歡必須每天九點到辦公室、五點離開辦公室的生活模式。一般辦公室那種昏暗又沒有對外窗的工作環境對她來說更是難以忍受。在她正式展開職涯之前，她就深知自己比較適合有更多彈性及可能性的遠距工作模式。

威爾史密斯過去曾在混合型組織*任職三年，那是她首次體驗在家工作。那家公司規模很小，雖然有實體辦公室，但公司高層並未硬性規定員工每週必須進公司的天數。威爾史密斯在這樣的工作經驗裡立刻發覺，在家工作讓她更有效率、更充實也更有工作動力。

事實上，威爾史密斯深信，在彈性的環境下工作，才能讓她發揮最佳工作能力。

「每當遠距工作時我都心懷感激。」她這麼說：「可以在開始工作前先去滑雪，或是在山上工作，好空出時間禮拜五去健行，我會覺得自己既然有幸享受這種工作彈性，就要全力以赴把工作做好。因為有過在實體辦公室實習的經驗，我知道自己不喜歡那種工作型態，所以我從來不曾把遠距工作的自由當作理所當然。」

威爾史密斯一直以來都善用遠距工作的時間彈性，將發展個人興趣視為優先選擇。其中最值得一提的就是，她能夠妥善安排時間，維持身為運動選手需要時時面對高強度競賽的最佳狀態。其實，她是美國舉重界足以躋身世界排名的好手。身為一名運動員，要維持最佳狀態就必須長期訓練，所以威爾史密斯彈性運用她的時間，在日常的工作時程之外，安排了足夠的時間上健身房訓練，讓她不必犧牲事業發展，也能維持身為運動員的絕佳狀態。

＊譯注：hybrid organization，指結合公部門與私部門、混合營利與非營利目的的企業組織。

如果是在傳統的辦公室裡工作，她無疑難以維持身為運動員的訓練規畫。大部分上班族都面臨過這種在工作與運動之間選擇的兩難：到底該一大早起床、在上班之前先運動；還是試著在下班後餓著肚子、拖著工作了一整天的疲憊身軀打起精神活動？這兩種選擇對大部分的人來說都不盡理想，因此我們常常乾脆把運動、維持身體健康拋在腦後。

威爾史密斯就沒有這種煩惱：她習慣一早開始工作，在工作幾個小時後延長休息時間，抓緊機會去健身房運動。她會在這段時間內完成表定的訓練，達成訓練目標後，再神清氣爽的回家繼續工作。

威爾史密斯也熱愛旅行，她堅信不時改變周遭環境，對於充實個人生命體驗及提升工作表現都有絕佳益處。她數次長期旅行，卻絲毫不落下工作；她現在住在波士頓，任職於加速夥伴期間，她曾經在新加坡和紐西蘭等地待很長一段時間。

威爾史密斯總是對主管清楚交代她的旅遊行程，並且會事先確保旅行目的地和住宿處的網路訊號良好，也有妥當的工作空間。她理解，自己如果想要享有遠距工作帶來的彈性生活模式，就必須確保自己善盡工作責任。這也是為什麼她強烈建議各位在開始遠距工作前，要事先讓主管和同事清楚自己的工作時程安排。

有些公司依然仰賴對員工下命令和指示、一個口令一個動作的管理風格，因此需要員工長時間隨叫隨到。然而，如今有越來越多組織最重視的是確保員工可以做好分內工作，並且維持工作表現一致。威爾史密斯發現，如果組織本身信任員工不管在什麼時間、地點都可以把工作做好，員工也會拿出最佳工作表現回應這份信任。

威爾史密斯也分享她遠距管理的經驗。她目前負責管理一個由五位員工組成的工作團隊，從二〇一七年開始至少管理過一名下屬。因為身處管理職，她致力於協助其他公司成員適應在家工作的模式，其中包括那些不確定自己是否適合這種工作型態的員工們。

「我一直告訴大家，一定要重視你的時程安排，」威爾史密斯如此說：「一定要直接與上司溝通到底怎麼安排工作時間才適合你。如果你可以接受朝九晚五、整天在線上工作的時間安排，那很棒。如果為了順應你的其他安排而必須調整工作時間，一定要讓上司知道你的計畫。只要能讓客戶和同事找得到你，調整時程安排不成問題。只要讓大家都清楚你的工作計畫就好。」

如果能夠預先清楚溝通好這些事，遠距工作就能發揮最佳效益。遠距工作的員工如果能讓上司相信他們值得信賴，如實把工作做好，也為顧客、客戶及同事拿出最佳工作表現，這些努力就能贏來信任、尊重，也能為自己爭取到工作彈性。預先向大家清楚告知工作時間規畫，就能打造出對所有人都可行的安排。

威爾史密斯也相信，大部分人即便心裡對遠距工作存在疑慮或顧慮，最後還是會發現遠距工作令生活更加充實。需要固定環境做為工作框架的人，通常會比較受坐辦公室的工作型態吸引，但這並不表示在家工作就無法採取有明確框架的工作型態。就如同威爾史密斯於前面所述，即便是遠距工作，也很歡迎員工維持朝九晚五的工作規律。

威爾史密斯並不認為只有少數人嚮往這種工作彈性，反之，她相信普羅大眾其實都比自己以為的更喜歡在家工作所帶來的自由。

「大家都因為不了解所以不想了解。」威爾史密斯說：「一直都在辦公室工作的人，似乎會覺得自己必須要在實體辦公室才能維繫人際關係，或是維持這種工作架構，才能有出色的工作表現。但他們其實並不需要這些元素就能成功。」

以人際關係來說，威爾史密斯跟其他遠距工作的同事，其實也發展出她認為足以陪伴她走過一生的深刻友誼。她也不諱言，在遠距工作環境下，勢必要多花一點心思才能建立這種情誼，但也因為是遠距工作，與同事建立良好關係更是在職場勝出的重要關鍵。在家工作、與同事建立長遠的友誼並不一定互斥——我們大可全部都要。

或許像威爾史密斯這樣的個性的確比較容易快速適應遠距工作，但也別先入為主的認為自己不適合，特別是如果你遠距工作的經驗僅限於在疫情壓力下不得不為之，更不該畫地自限。即便你並不想要、也不需要工作上的彈性，但若是因此能夠設定個人目標、在不同地點工作，依然很有可能為你帶來意想不到的好處。

建立實際公私領域界線

在實體辦公室工作最顯而易見的好處，就是工作與生活存在實際劃分。遠距工作的隱憂在於，工作者可能會覺得自己彷彿住在辦公室裡，難以清楚區分工作時間與休息時間，無法好好放鬆。

要降低遠距工作帶來的這種影響其實不難，但各位必須建立明確的實際界線，將工作與居家生活清楚分開。如果可以，請各位在家裡安排一個明確的工作區域。這不僅可以讓你在心裡界定明確的工作時間，也可以讓家人清楚知道你什麼時候有空、什麼時候正在工作。

遠距工作者家裡若有其他人同住，更得要建立實際的工作空間——不管是與室友、伴侶、孩子或是其他家庭成員同住皆然。如果無法傳遞明確在工作／休息的訊息給其他同住者，他們看到你人就在家裡，直覺認為你應該有空也是情有可原。他們可能會走過來問你問題，卻沒發現你其實正在做銷售提案或是跟客戶通話。

對同住家人來說，如果無法明確知道你到底是不是在工作，就很容易在真的打擾到你以後，才知道你正在上班；如果能夠安排工作專用的空間，就可以避免這種問題。不過對大部分的員工來說，要實際建立出實體工作區域知易行難；特別是對那些從沒預期過必須在家工作的員工來說更是如此。不是每個人家裡都有多餘的房間可以用來當作辦公室。如果是這樣，其實就算只是在客廳擺一張摺疊桌，或是在餐桌上選一張餐椅當作「辦公椅」，也都是可以在家裡和心裡都創造出公私界線的方式。用這種方式清楚劃出界線，你就可以在工作時間結束時直接離開工作區，幫助你脫離工作模式。

建立工作計畫

我們一再強調，採取遠距工作模式，就一定要花心思確立工作計畫，好好掌握時間管理。對於在實體辦公室之外工作的員工來說，如果能夠建立習慣，每天在同樣的時間起床，花固定的時數工作，並且主動計畫好哪些時間要用來處理專案、開會、吃午餐、運動、處理個人事務，對於工作表現一定有所助益。除了建立工作計畫外，安排休息時間並且按表操課好好放鬆一下，也同樣重要。

員工在實體辦公室裡工作，有很多方式可以自然的去喘口氣、休息一下，像是跟同事在飲水機旁小聊幾句、泡杯咖啡、離開辦公室買午餐。在家工作的員工卻很容易連續數小時埋首工作，絲毫沒發覺一天已經過了大半。

因此，一定要建立工作計畫，按表操課，你就能夠確保自己有足夠的時間完成工作，同時也有充足的休息時間好好為自己充電。公司甚至也可以配合成員的工作計畫，這樣大家就能在同一時間全神貫注處理手上的事情，團隊成員也不會因為工作時間安排不一而互相打擾。

建立工作計畫在 Covid-19 的衝擊下更顯重要，特別是對那些因為在家工作而必須整天與孩子共處一室的家長們來說，這件事的重要性特別顯著。有些員工在家工作還得顧孩子，卻依然游刃有餘，是因為他們跟伴侶、配偶一起妥善安排工作計畫，事先決定誰在什麼時候負責陪孩子，他們清楚分配好各自得專心一志在工作上及其他事務上的時間。

妥善管理電子信箱

轉換為遠距工作模式後，因為無法再像過去一樣快速的直接面對面溝通，因此電子郵件成為員工之間溝通工作的首選。如果你是第一次遠距工作，可以預期你收到的電子郵件量會大幅增加。以前在實體辦公室裡，探個頭越過座位隔間就可以進行簡短對話；然而，因為疫情，在開放式辦公空間裡隔著桌子直接與同事對談，這樣的溝通形式也已經被大量傳送的電子郵件所取代。像 Slack 或微軟的 Teams 這些即時訊息平台，都可以幫助使用者減少電子郵件來往的數量。然而，這種便捷的溝通管道卻也會使員工不由自主的整天查看訊息，反而使他們分心，無法專注、不受打擾的好好工作。

有些專家甚至指出，遠距工作者比較容易在工作滿檔的情況下，將待解決的工作項目透過電子郵件或即時訊息平台分配給其他同事。卡爾・紐波特（Cal Newport）是位傑出的教授，同時也是《紐約時報》暢銷書《深度工作力：淺薄時代，個人成功的關鍵能力》（*Deep Work: Rules for Focused Success in a Distracted World*）的作者，他致力於研究工作者的生產力。他在《紐約客》（*New Yorker*）雜誌上發表文章指出：「舉例來說，如果是在辦公室與同事面對面工作，請其他人接手工作的社會成本就會比較高；也因為有這項阻力，同事就會小心掂量分配給其他人的工作。在遠距工作模式下，同事都化身為虛擬的電子郵件地址或 Slack 上的人名，因此很容易會為了紓解一下子就塞爆信箱的各種工作項目而把工作推給其他同事，搞得大家的工作負荷都相當沉重。」

在這樣的情況下，工作團隊的成員很有可能一整天被不斷湧進信箱的電子郵件轟炸，特別是那些必須面對公司外部人員的職位更是如此。例如客服人員，他們就得承接來自公司內部同事及外界顧客的訊息。

一整天不斷查看、回覆電子郵件，不管是對員工的心理壓力，以及對於工作生產力來說都沒有益處。即便如此，直接完全忽略電子信箱也不合理。為了在這之間達到平衡，以下有幾項訣竅可以供各位參考，使你能夠妥善回覆電子郵件，卻也不會整天都花在回信上。

劃分時間

其中一種方式就是每天安排固定時間來回覆電子郵件。例如，你可以在每天工作開始及結束的三十分鐘至一小時專門用來回信。只要讓那些最常寄信給你的人做好心理準備，讓他們知道你哪些時間會回覆電子郵件，並且提供你的緊急聯絡方式，這樣可以避免必須一直查看電子信箱的麻煩，也不會造成同事的困擾。

排定優先順序

在大部分工作時間不查看電子信箱的作法，如果並不適合你的職位，另一個模式我們也很推薦：篩選並分類必須立即回覆，或是可以稍後處理的電子郵件。如果寄來的電子郵件有急迫性，或是花不到一分鐘就可以迅速回覆，那就最好立刻回信，當下直接把事情處理掉。然而，如果你工作到一半收到的電子郵件必須謹慎、詳細回覆，那或許還是把它留到你預先設定的回信時間再處理，或是先把信件移到待追蹤收件匣。

建立預期心理

如果你是團隊管理者，這個作法也很適合推薦給你的團隊成員採用。你可以為所有團隊成員建立規範，例如要求員工必須在二十四小時內回覆必須回覆的電子郵件。以我們的客服團隊來說，我們甚至還設定了另一個電子郵件地址供緊急狀況使用，這樣必須緊急回應的電子郵件就會直接跑到收件匣的頂端。除了緊急狀況以外的信件，其他都可以晚一點再回覆，只要符合二十四小時內回信的規範即可。

分門別類

如果你擔心一旦專心投入工作，沒察看信箱的時候會遺漏緊急信件，也希望能夠快速將緊急訊息跟其他龐雜的信件區分開來，或許可以考慮購買電子郵件管理工具。現在有各種外掛程式可以運用機器學習的機制自動過濾廣告郵件，並且把比較不重要的電子郵件分類到另一個資料夾，一天只要查看幾次就好；或者也可以把標注「緊急」或「重要」的電子郵件歸類到一個特別的資料夾，讓你可以隨時注意這個收件匣的狀態。

只要採用以上任一種方式，你就不必再整天盯著電子信箱不放了。只要查看緊急／重要信件的收件匣，就能夠確保不會遺漏重要訊息。

如果能善加利用這些外掛程式，打開電子信箱時也不會有被郵件淹沒的感覺。我最喜歡的外掛程式是SaneBox，我已經使用這個電子郵件管理工具五年了，它可以跟任何電子信箱相容。SaneBox會自動將不急迫的電子郵件篩選出來，並移至「稍後處理」的收件匣。它還有一項特殊功能，我可以設定在寄出信件後如果超過預設時間卻還沒收到回覆或進一步訊息，信件就會自動彈回我的信箱。像SaneBox這種工具能夠大幅減少一打開信箱就被新郵件轟炸的狀況，如果你在智慧型手機上有打開電子郵件的通知推播，也能夠藉此大大減少信件通知不斷跳出的情況。

就像在處理工作一樣，沒有任何策略就是最糟糕的策略。如果你肯花心思管理自己的電子信箱，而不是放任各種訊息影響工作，工作起來一定會更有效率，也更沒有壓力。

好好分配精力

要避免過勞，不單單只是注意工作時間長度，更要注重工作的方式及時機。就算你一天已經分配了特定時間要工作，也不代表你非得一口氣埋首於工作、毫不分神好幾個小時。安排工作計畫時，最好交錯安排不同種類的活動，同時也要設定休息時間。別忘了，把你精神最好、最差的時段也考量在內。

在健身界有一種廣為人知的訓練方式，叫做間歇訓練（interval training）：劇烈的高強度運動搭配一小段的休息時間。這樣做可以增強體力和耐力，卻又不會使身體累垮。間歇訓練的模式也可以應用在各種需要動腦的工作上，在耗費心神的各項工作之間穿插休息時間，可以確保你不會因為工作而累垮。

我自己喜歡把比較累的工作安排在早上——那時我的精神最好，正好適合處理需要寫作或構思新點子的工作項目。接著我會稍作休息，下午就用來開會或處理以討論為主的工作項目，這些工作相對不那麼耗費心力。

建議各位也為一整天的工作做類似的劃分，花點時間思考一天當中哪些時段適合用來做哪些事。剛開始實驗的結果可能不盡人意，但找出最適合你的時間分配，對工作情緒和生產力都有深遠影響。

創造工作前後的緩衝

在劃分工作與休息時間時，安排緩衝活動對於區分工作時間與私人時間也很有幫助。身為遠距工作的員工，通常直覺是一起床就立刻拿起手機或坐到電腦前面開始工作，一路忙碌到晚餐時間，然後準備睡覺時還帶著工作進房間。

雖然沒人喜歡開車或擠大眾運輸工具通勤，但其實通勤對我們的心理健康仍然有其價值，因此我們可以將這種對心理健康有好處的事情複製到虛擬辦公室中。這也是為什麼許多致力於提升工作表現的知名專家都強烈建議，工作者要擬定個人的晨起儀式，每天都按照這套儀式開啟一天的工作，而不是一起床就直接投入工作。

不管你想要用咖啡和早餐、晨跑還是閱讀來拉開序幕，每天早上好好為自己花點心思，都能夠讓你腦袋更清明也更有活力的投入一整天的工作。如果你剛從床上爬起來就馬上看手機、開電腦，通常會立刻為你帶來壓力——電子郵件老是寫著工作在前一晚出了問題、工作期限的通知等等。

要開啟嶄新的一天，這可不是好方法，這跟一大早七點鐘還穿著睡衣就被趕下床、進辦公室沒兩樣。我不知道各位怎麼想，但我一點都**不**喜歡這樣開始我的一天。

同理，一天的結束也該有一套儀式。大部分花大把時間通勤到辦公室上班的人表示，他們雖然不喜歡通勤，但開車回家或搭乘大眾交通運輸工具的這段時間，讓他們有餘裕脫離工作模式，在踏進家門之前就放鬆上緊了一整天的發條。對於上班族父母來說更是如此，他們有時候很難立刻從工作模式轉換為家長的身分。

就跟早上起床一樣，我們也鼓勵遠距工作的員工在一天工作結束時，花點時間放鬆一下。

這也是我自己得多花點心思學習的一課。以往我常在傍晚六點鐘結束數小時的會議及電話討論，然後立刻與我太太和三個孩子坐上餐桌用晚餐。這種和家人共進晚餐的時間通常會夾雜大聲談笑和一些混亂場景，我很快就對這種狀態感到難以負荷。現在，我學會在工作結束後抽出至少二十到三十分鐘運動、冥想或散步，這對我的大腦脫離工作狀態有相當顯著的效果。

不管你想遛狗、聽音樂、閱讀或甚至是冥想，在結束工作後做點簡單的活動都能紓解在虛擬辦公室產生的辛勞。此外，這些活動也都能適時提醒你，已經晚上了，該休息了。

基於這點，讓工作所需的各種裝置遠離臥室也相當重要。研究顯示，上床睡覺前還盯著螢幕看，不但會延遲入睡時間，也會縮短深度睡眠的長度。把筆電帶進臥室，在睡前多回幾封信，都很有可能會導致你隔天更累、更沒精神，最終你為了回應那些其實可以——而且通常**本來就可以**——等到早上再處理的訊息，犧牲掉健康和工作效率。各位也應該養成習慣，至少在上床睡覺前一小時關掉手機，把它放在遠離床鋪的地方（最理想的狀態是放在房間以外），這樣可以為你帶來最佳的睡眠品質。如果你的手機上有電子信箱或工作相關的應用程式，更應該這麼做。這些科技工具實在太方便，於是你很容易在睡前滑一滑手機上的社交軟體，就轉而查看工作信箱或 Slack 訊息。

記住，只有你能控制自己的周遭環境。如果你願意付諸行動，把睡眠放到優先考慮的第一位，隔天早上起來你會更神清氣爽，也準備好面對一天的挑戰。

維持工作的動力

許多員工都是因為疫情衝擊，在必須隔離、維持社交距離、經濟低迷、而且無法托育孩子的情況下，開啟首次遠距工作的體驗。因此我並不意外，其中有許多工作者很快就覺得筋疲力竭，也擔心未來如果在家工作的狀態永無止盡，他們是否依然能對工作保持同樣的熱情。

即便我們沒有特別熱愛工作，但總有幾件事能讓我們願意天天踏進辦公室上班。如果夠幸運，辦公室裡會有幾個讓我們見到就開心的好同事；若非如此，至少我們心知肚明，如果沒去上班，同事一定會發現。人類的確是需要社交的動物，長時間在家上班，你可能會發現自己其實頗想念在辦公室裡與同事互動的感覺。

以大部分的上班族來說，不管他們是否對組織失去歸屬感、被工作量壓得喘不過氣，甚至是快受不了每天獨自工作，大家都想問一個問題：「我到底要怎麼撐下去？」

有些人是公司聘雇的員工，必須養家糊口，因此只要每個月能夠領到薪水，就足以讓人咬牙撐下去。但如果這點對你來說仍然不夠，我們也可以試著找出其他可以鼓勵自己繼續努力的方式。

有人跟我說過，想要改變團隊文化最快速的方式，就是讓所有成員讀同一本書。其中一本點出我們公司文化基礎的書，就是《紐約時報》暢銷作家丹尼爾·平克（Daniel Pink）深入研究「動機」的精彩著作《動機，單純的力量：把工作做得像投入嗜好一樣有最單純的動機，才有最棒的表現》（*The Surprising Truth about What Motivates Us*）。平克提出，像薪水、福利、上司的稱讚這些外在動機，並不足以讓我們每天快快樂樂的起床去工作，因為這些都只是來自外界的動力。然而，真正驅動我們前進的，是來自於內心的動力，這股動力來自於我們與生俱來，對於自主、傑出、生命與工作的意義的渴望。

其中一個善用這種內在動機的辦法是，找出在你擔任的職位上，有哪些層面的工作讓你做得比別人開心，特別是那種可以讓你發揮所長的項目。舉例來說，如果你發現自己在彙整問卷得出的資料，並且從問卷結果推敲其背後意義時最躍躍欲試，你可以想辦法為這項工作安排一個固定時間，這樣你每天工作時就可以期待處理這項工作的時間到來，並且好好享受你最喜歡的工作內容。

不管我們有沒有意識到，在內心真正驅動你我工作熱情的，或許還是「願景」——一個人所懷抱的願景，就像是生命的主題，正是我們為這個世界做出貢獻的方式。我仔細思量過自己的人生願景——分享能夠幫助他人、企業組織成長的點子。我發現在不知不覺間，這份人生願景的本質正好就與我每天的生活與工作不謀而合。

各位不必堅持非得找出關於自己生命願景的明確定義。不過，這的確對個人發展很有幫助，值得各位好好思考並且試著為自己立下人生願景。然而，各位也可以嘗試將自己正在從事的工作，與想在人生中達到的目標連結在一起，這能讓你看見工作的意義。即便有時候工作內容真的很無聊，但也許你待的公司目標正好就是你想追尋的夢想。也或許，你希望透過工作學習或發展出某些技能，成為未來能夠在職場上成功的助力，例如自行創業、領導團隊或成為某些領域的頂尖專業人士。又或許，你希望能夠把人生花在旅遊和家人身上，因此得先要有穩定的工作，才能支持這項目標，使工作與家庭生活達到完美平衡……許多人其實是透過他們工作的「方式」，而不是工作的「職位」來實現願景。從這個角度來看，就能夠減輕自己身上那份非得找到熱忱所在或完美工作機會的壓力。例如，如果你是個樂於回饋社會的人，為任職的公司發起回饋社會的計畫，或許會比在非營利組織工作來得更理想。

不管你做什麼工作，人生想追求哪些目標，只要能夠將工作與人生願景結合，就會更有動力。下一次，你對工作提不起勁時，花幾分鐘思考或寫下人生中最重要的事情、想要達成的目標。透過這項行動，可以把自己眼下從事的工作，放進更廣闊的人生框架下，就能為你帶來截然不同的感受，也可以藉此看見在自己擔任的職位上，有沒有什麼新方法可以把工作與願景互相結合。

保持專注

雖然遠距工作的員工並不會比較偷懶，反而常常不得不更努力工作，但這些工作者的確會面臨某些在家工作才會遇到的分心問題。

在家工作，的確不必分神注意其他同事到底在幹嘛，但在家裡絕對有其他事情會干擾你的注意力。

假如你從來沒在家工作過，你可能會以為是電視或智慧型手機令你分神——這還只是開端而已。遠距工作絕對還有其他事可以令你分心，你可能在意著早上吃完早餐還沒洗的碗盤，或是想到好像很久沒倒垃圾，也可能會注意到家裡的地毯該用吸塵器好好吸一吸了。一般在辦公室工作一整天後被你拋到腦外的那些家務，都在你整天待在家裡的這段時間浮現眼前。

各位或許都知道，自己的專注力可以好到什麼程度；的確有些人更喜歡長時間不受打擾的工作環境，也更能夠忽略這些令人分心的事，但專注力是可以透過訓練增強的技巧。事實上，訓練專注力能夠讓我們達成更多目標，也能夠降低壓力。

其中一種可以在工作時提升專注力的方式，就是消弭剛剛提到的那些分心事務。如果你每天花點時間清潔、整理工作環境，每天安排特定時間清洗碗盤、吸地板，就不會工作時還要分神去想這些事情還沒完成。這一點又連結到之前提過的工作計畫上。如果你明知自己得把這些家事做完，才能更舒適的在家辦公，那就為自己安排時間完成這些家務。

一項提升專注力的方法就是「刻意練習」。卡爾．紐波特在他所寫的《深度工作力》中，曾提出一種刻意練習專注力的方式：他建議讀者可以為自己計時，一開始先嘗試個十五或二十分鐘，刻意用這段時間極度專心的做單一件事情，例如整理資料或寫報告。紐波特認為透過這種方法，就能逐漸拉長專心的時間，提升專注力。

各位無須堅持一天連續八小時專心、不間斷的工作，但這種能夠在必要時拋開一切雜念、保持專注的能力非常寶貴，因此值得好好花心思培養。一個人越能專注，就能夠達成越多目標，也更容易在一天結束時脫離工作狀態好好放鬆。

關照自我

努力工作時，也別忘了優先照顧自己的身心健康。安排工作計畫請務必納入高品質的睡眠時間及運動時段，這不僅能讓你更健康，也能夠提升工作品質。以我個人的經驗來說，睡眠不足的人在生活中會面對更多壓力，個人生活也會有更多不愉快，他們會無心關照自己的身體健康，因此這些人難以精神飽滿的工作。

不管你多致力於區分公事與私生活，包括在這兩領域之間建立明確的緩衝區——但不管是私人生活還是正在工作，你仍然是同一個人；因此，一個人的公私領域不可能不互相影響。

如果你在工作中受壓力所苦，這份壓力會漸漸影響到工作時間外的精力、與親友的關係，影響個人情緒也只是遲早的事而已。同樣的，如果你在工作以外的生活遇到困境，最終也會對你的工作表現產生明顯的負面影響。

這種互相影響的狀態，很快就會成為惡性循環，對於遠距工作者來說尤其如此，因為工作和生活都在同一個環境裡，令人時常覺得難以完全脫離工作狀態。工作壓力會招致對自身的不滿，這又會帶來更多工作壓力，周而復始。要避免產生這種惡性循環，最佳方式就是積極採取行動，無論是在工作時間還是工作以外的生活，都把關照自己的身心放在優先順位。

首先，最重要的就是高品質的睡眠。有些人為睡眠品質所苦，以下步驟讓你可以處理睡眠問題，其中一個簡單步驟就是：建立固定的睡眠時間。試著花一個禮拜的時間，天天在固定時間上床睡覺；在睡覺前一個小時放下手機、筆記型電腦及其他個人電子裝置，試著放鬆心情閱讀三十分鐘至一小時。

雖然這感覺起來只是小小的調整，但不久後，你就會發現自己比以前更容易入睡，起床時也會覺得真的有好好休息。

建立固定的睡覺時間，在遠距工作時更顯其重要性。在家工作實在太容易夜深了還埋首工作，甚至過了理想的睡覺時間還無法脫身。努力工作到凌晨兩點，早上七點又起床上班，短期內或許可以表現出你有多麼認真工作，但經年累月下來，這種模式不僅會令你過勞，也會降低工作成效。

每天在工作計畫中安排時間運動也是很有效的方式。你當然不必每天跑馬拉松或舉重，但光是每天跟著影片做個瑜珈、午餐時快走一下、早上喝咖啡之前做幾個開合跳，都能夠幫助你的大腦釋放腦內啡*，提升正面情緒與專注力。

最後，各位一定要找到可以減低壓力的情緒出口。能夠察覺自己正在承受壓

＊譯注：endorphin，為可於動物體內自行生成的類嗎啡生物化學合成物，可帶來愉悅感。

力，並知道哪些方式能讓自己放鬆，進而重新保持專注——這些都非常重要。

我們公司有位員工就曾經分享，他時不時發現自己在工作時會陷入壓力籠罩的狀態。他發現自己在面對壓力時會緊緊咬牙，然後整個人駝著背、縮在電腦螢幕前。每當他意識到自己出現這種狀況，他就會全身靠著椅背，往後坐，閉上雙眼，緩慢的深呼吸三十秒。只要花這短短的三十秒，就能減緩緊張，讓他能夠精神一振的重新開始專心工作。

各種放鬆身心的活動中，沒有哪一種是最好的辦法，最重要的是找出最適合自己的那一種。你可以選擇短暫休息冥想、起身在家裡的辦公空間繞一繞，甚至是做幾個平板支撐或波比跳（burpees）促進血液循環。雖然這些小小的身體活動無法立刻徹底改變長期累積的壓力，但是持續採用這些方式可以減緩工作時長期緊張的感受。

最後一項很有效的辦法就是，跟同事一起努力關照身心健康。在工作團隊裡找個同事當彼此的後盾，成為彼此想要抱怨時的傾訴對象，或是一起腦力激盪，想出照顧身心的其他好方法。如果你喜歡瑜珈、跑步，或是其他特定運動，就去找那些跟你有同樣興趣的同事，互相分享可以融入工作的運動習慣。

你甚至可以考慮在公司裡發起保持身心健康的友誼賽，藉此跟同事互相鼓勵關照自我。許多組織內部都有這種全公司規模的活動，目的在於促進員工的身心健康。如果你的公司還沒有這種活動，你可以試著主動發起。

這種公司內部的友誼賽不需要有複雜的規則或嚴格的監督。只要簡簡單單、讓人樂於參加就好，各位可參考以下範例。

全公司身心健康挑戰賽

↓ 十月一日開始比賽（按此報名）。

↓ 每組六個人，將由不同工作團隊、地區的員工組成。

↓ 所有參加者每天必須從事至少三十分鐘有益身心的活動並提出證明。例如Fitbit*的照片、冥想、在森林裡散步的影片等。
↓
每天每組有一位參加者提交證明，就可以獲得一分，所以每週每組最高可得三十分（每組六人持續五天）。
↓
比賽將在十月三十一日結束。十一月五日公布冠軍。

遙想當初：掙脫桎梏

請各位試想：過去在風雪中騎腳踏車通勤上班，現在變成在泰國的小島上某個漂亮的共享空間遠距工作——班．卓立（Ben Jolly）就因為加入遠距工作的組織，這種轉變因此可以化為現實。

卓立是我們客戶服務團隊的客戶經理。自從他拋開坐辦公室的生活，轉而開始遠距工作，他已在十二個不同的城市生活、工作過，包括墨西哥、日本、土耳其、西班牙、新加坡、泰國等國家。對於前一份工作得每天通勤，甚至在寒冷的冬季還得忍受可怕的交通狀況努力抵達辦公室的人來說，這種轉變還真不錯。

「進辦公室工作對我來說最主要的問題就出在通勤。」卓立一邊回想過往生活一邊說：「我以前住在波士頓，所以就算通勤路程只有五到六公里左右，也是一場硬仗。大眾運輸很糟糕、天氣很爛，而且我還騎腳踏車上班，就算是面對雨雪夾雜撲面而來的天氣，至少我還可以靠腳踏車穿越大打結的車陣。總之，當時的通勤狀況真的是一場災難。」

對卓立來說，可以擺脫上班通勤這件事真是一大福音，但這還只是剛開始的

* 譯注：美國消費電子產品及健身公司，主要產品有活動追蹤裝置、智慧型穿戴裝置。

好處而已。

卓立熱愛旅行，但他真正開始在家工作以前，想都沒想過原來遠距工作模式能讓他實現環遊世界的夢想。事實上，卓立在加入我們公司之前，他從來沒有遠距工作過，甚至當初在應徵時根本沒發現到我們是一家遠距工作的組織，但他還是把握這個機會，到職幾個月後，就透過遠距工作的模式使他的生活改頭換面。

卓立覺得遠距工作是他在波士頓家裡孕育出來的生命出口。波士頓位於美國，生活物價昂貴、交通擁擠，更別說還以酷寒的冬季聞名。開始在家工作六個月後，卓立的房屋租約正好到期了，他立刻決定搬家。

卓立正是其中一種遠距員工的典型代表。這些人通常被稱為「數位游牧民族」*，他們運用遠距工作帶來的彈性，在世界各地旅遊，浸淫在新文化中，學習全新語言，累積人生絕無僅有的各種體驗，同時也在優秀的企業組織內擔任全職工作。只要跟主管溝通清楚並謹慎規劃旅遊行程，卓立就可以在不同的國家旅居至少好幾個月。

一邊旅行一邊做全職工作可不容易，但卓立發揮創意，建立各種日常工作行程和有益於工作的好習慣，包括在入住新居前就做好完備研究。近年來，採取遠距工作的人口越來越多，其中一項好處就是因為數位遊牧民族的規模日益龐大，這些遠距工作者可以在網路上找到豐富的資源，讓他們在更換旅居地點的過程中也不會干擾工作表現。

卓立會謹慎尋找適合的旅遊地點，在他想造訪的城市裡預先找到共享工作空間，確保他有時候也可以在暫住的「家」以外工作。他也會認真確認每一個旅居地點都有高速網路，包括請求 Airbnb 房東預先測試他想入住的度假屋屋內的無線網路速度，確保那裡的網路連接速度符合卓立追求優質工作表現的需求。

就像其他多數的遠距工作者一樣，卓立絕不會讓遠距影響工作品質。他每一步

---

* 譯注：digital nomads，指能夠按自由意願在任何地點運用科技完成工作的獨立工作者。

都小心謹慎，為了保證自己不論身在世界的哪個角落，都可以為客戶和同事拿出最佳的工作成果。

有時候，這種決心必須讓他在不尋常的時間工作，好配合工作團隊和客戶窗口所在的時區。例如卓立在伊斯坦堡（Istanbul）的工作時間就是傍晚五點到凌晨一點，才能符合客戶所在的美國東岸時間。「我總是共享工作空間裡最後走的人。」卓立說：「在伊斯坦堡，我非得待在共享工作空間不可，因為住處的網路實在太不穩定。」

卓立的故事正好能讓我們看見遠距工作的所有潛力。許多遠距工作者發現，只要他們努力工作、拿出傑出的成果，工作同時用心探索世界各地的方式，證明遠距工作擁有無限可能。

遠距工作對卓立的人生帶來的改變可不僅於此。他甚至在二〇一六年旅居墨西哥時認識了他未來的太太，她也從此加入卓立環遊世界的旅程。他們夫妻倆最近定居於墨西哥城（Mexico City）·,在此之前，他們在亞洲各國旅居多年。

待在亞洲的那幾年，卓立還體驗到最獨特的遠距工作經驗。

「泰國有一座島，叫做蘭塔島（Koh Lanta），那裡的遠距工作者社群蓬勃發展。」卓立說：「在亞洲，常常可以看到數位游牧族群聚在一起『玩樂』的社群。不過，在蘭塔這裡，他們關注的焦點並非玩樂，而是致力於融入當地。」

卓立待在蘭塔島時，都在美麗的共享工作空間工作，周遭都是跟他價值觀相似的遠距工作者。雖然在其他國家，有些數位游牧族群的工作空間跟當地居民社區相當疏離，但在蘭塔島，卓立可是徹底沉浸在當地文化裡。

有了各式各樣的旅行體驗，卓立真的成為了世界公民。他住過許多國家，學習各種語言。此外，他也熱愛烹飪，因此在這些旅遊過程中學會包羅萬象的菜色。他同時也學到許多可以提升工作能力的技巧。

對遠距工作者來說，通常需要足夠的時間，才能發展出適合在家工作的習慣。在家工作可能會令你難以在下班後脫離工作狀態，在不熟悉的環境下，要建立可以舒適工作的固定生活架構也不是那麼簡單。然而，因為卓立實在太常改變居住地點，建立好習慣對他來說更是不可或缺。

就像許多其他遠距工作者一樣，卓立也發現，刻意建立工作計畫、打造與生活分開的工作空間，並且從事各種能當作緩衝的活動為一天的工作畫下句點，都是有助於遠距工作表現的方法。卓立特別喜歡去共享工作空間工作，這樣可以幫他把工作與私生活區分開來。他喜歡在工作結束後立刻回去煮晚餐，或是有空時跟太太到附近的餐廳吃晚餐當作結束一天工作的分界。

卓立也知道，不是所有人都適合遠距工作，但他也強調，在疫情期間才被迫嘗試在家工作的人，其實並沒有獲得最好的遠距工作體驗，像是再也不必辛苦通勤、以及可以更輕易的到各國旅遊等優點，得等生活回到正常軌道後，優點才會顯得更吸引人。同理，在世界回到正軌、遠距工作者能夠重拾以往在工作以外喜愛從事的社交活動後，也才會讓人覺得不那麼與世隔絕。

但無論如何，對卓立來說，在家工作帶來的好處無疑勝過任何可能出現的缺點。

「遠距工作真的太棒了。」卓立說：「我從沒想過自己可以到那麼多國家旅遊，擁抱各種體驗。我很滿足了。」

建立人與人之間的連結

有人擔心，遠距工作會讓他們感到孤獨。雖然在辦公室工作有時候得忍受同事講電話太大聲，還會有其他人在共享辦公桌占用你的空間，但在家工作則會剝奪那些只有在辦公室才有的好處，例如，可以跟同事一起吃午餐、直接走到辦公桌旁找同事、工作結束後跟同事喝杯小酒。

正如同前述遠距工作其他層面的問題，透過事先計畫、按表操課，其實就能夠解決這些擔憂。各位別忘了，如果你加入了虛擬辦公室，代表你的同事們也是在家工作，因此他們應該也很希望可以跟其他人建立人際關係。

這種人際關係可以透過一對一互動開始建立。在遠距工作的組織裡，同事間常常會安排簡短閒聊的時間，花二十到三十分鐘，用視訊電話聊聊與工作無關的話題。大家也可以在上班之餘安排線上共進午餐或一起喝咖啡的休息時間，甚至是在工作結束後一起在線上喝點小酒放鬆一下、建立感情。

你也可以更進一步，在公司團隊使用的通訊平台上建立聊天群組或討論區，你也可以組成讀書會，可以選擇個人發展類的書籍與同事共讀，互相幫助彼此成長。

最後一點，雖然要做到這點，疫情導致現況更為困難，但遠距工作者還是可以在現實生活見面聚會。大部分的企業組織會在同一地區招募多位員工，因此你可以開車到附近拜訪住得離你最近的同事。跟同事共度一天，或是在咖啡店、共享工作空間一起待個幾小時，都可以讓你維繫人與人之間的連結。

外向、內向

雖然我們提出許多可以幫助各位適應遠距工作的好方法，但正因為世界上每個人都獨一無二，在遠距工作上實在也沒有所謂的「通則」可以一招打遍天下。如果你能更了解自己的人格特質，刻意探究你的核心人格特質的獨特之處，對於遠距工作來說一定很有幫助。一個人的個性與他如何從事遠距工作息息相關——也就是內向和外向性格之間的差異。

首先，我們可以簡單定義何謂內向、外向。外向的人喜歡充滿活力的環境，偏好身邊圍繞著許多人；反之，內向的人喜歡低刺激的環境，他們喜歡安靜、能好好專注的狀態，可能會在面對風險時更加謹慎小心。雖然內向的人也喜歡跟人相處，但他們在跟人數較少的群體互動、以及待在比較平靜的環境時會更自在。

特別是在因為疫情而必須獨自待在家的狀況下，遠距工作時常成為外向人的惡夢，但卻是內向人美夢成真的時刻。的確，內向的人在獨自安靜工作時會更有活力，他們或許也更能適應在家工作的生活。但不管是個性外向還是內向的工作者，在虛擬辦公室上班時，都有各自的優勢和挑戰需要面對。只要略作調整，就能使他們更成功。

對外向的員工來說，遠距工作帶來的挑戰顯而易見：他們身邊不再圍繞著可以互動的其他同事，無法適時給予他們工作所需的能量。在家裡，他們得獨自面對工作。不久，在安靜環境下工作會令他們身心俱疲。

對外向的工作者來說，面對這種困境的最佳方式，就是積極創造機會在社交場合裡為自己充電。然而，這種方式在疫情重創以前的世界比較容易辦到，過去我們可以跟朋友相約共進午餐、到高朋滿座的咖啡店伴著環境噪音工作，或是傍晚去喝杯小酒，跟朋友共進晚餐以及參加其他社交場合。

就算在疫情影響下，外向人依然有方法可以為自己補充一點社交能量。各位可以考慮在晚上安排跟好朋友講視訊電話，或是跟其他人保持安全距離的從事一些戶外活動。工作上，你也可以從工作團隊裡找其他外向的同事，邀請他們一起遠距離站著吃頓午餐或一起喝杯咖啡，把握機會在工作的時候也能定期跟其他人聊聊天。

個性外向的員工們或許會很羨慕那些個性內向的同事，因為對內向人來說，遠距工作可以說是個大好機會，讓他們遠離充滿各種外界刺激的辦公室。然而，這些內向的工作者其實也必須克服自己個性帶來的挑戰，才能在遠距工作模式下成功。

首先，視訊電話比起面對面的實體會議來說，要讓所有人都有同等的發言機會可能更加困難。各位應該都遇過這種情況：視訊會議上同時有兩個員工一起開口，比較安靜的那一位就會自動讓出發言機會。內向的員工可能因為這種會議感到有壓力，特別是視訊會議時鏡頭會一直對著他們，他們或許會因此認為在會議中保持閉口不言比較簡單，等到會議結束後，他們就有時間在自己比較喜歡的、低刺激環境好好回想並消化會議中接收到的資訊。

這種狀況或許也會延續到會議以外。內向的員工可能會因為怕打擾到別人，比較不願意找同事問問題或溝通想法。不像過去在實體辦公室，身邊有外向的同事大加鼓勵，他們也可能比較不願意加入公司的虛擬社交活動。如果你以前是在實體辦公室工作，或許就看過比較外向的同事到處找人聊天，鼓勵身邊其他比較內斂的同事跟大家一起下班後喝點小酒——這種情況在虛擬辦公室勢必更難以實現。

不過，就像外向人必須靠自己積極計劃，才能在遠距工作時也滿足對社交的需求；內向人也必須時不時敦促自己在虛擬辦公室中鼓起勇氣發言，甚至是規定自己在每一次會議時都必須問問題，或是規定自己得發言幾次，這些都是可以帶來改變的小小努力。

主管務必要用心了解這種員工之間的個性差異。就像許多老師會刻意減少點名那些渴望分享意見的同學、或是總把手舉高高的學生發言，主管們應該要知道，有一些員工比較不會主動在會議中講話，或是參加工作團隊的社交活動，如果能給予這些員工適當鼓勵，就可以提升他們在公司活動的參與度和發展。

就算你不是公司主管，適時關心內向或外向的同事，並找機會讓他們的工作體驗更好，對彼此也都大有好處。你可以邀請個性外向的同事一起遠距喝杯咖啡，或是幫忙比較安靜的同事，在他們真的想表達意見時說出自己的想法，這都是可以帶來改變的好方法。

使用視訊的時機

我們公司就跟其他公司一樣，不管是內部工作團隊之間的溝通，還是跟公司外部的客戶聯絡，都盡可能使用視訊電話。比起只是講電話，視訊電話可以更有效率的建立信任感，溝通得也更清楚。如果實際面對面談話有滿分十分，我認為講電話是四分，視訊電話則有七～八分。

雖然Covid-19迫使許多人必須開始接受這種溝通形式，但並不是所有人都喜歡講視訊電話。我記得我曾經跟某一家客戶以視訊聯繫，當他們發現自己出現在Zoom上面時，竟然直接躲到桌子底下去——我沒在開玩笑，他們根本是逃離鏡頭，因為他們以前從沒使用過視訊電話，才會有這種反應。

即便我們的客戶和潛在顧客不想開鏡頭露相，我們依然要開鏡頭。因為我們相信，對方看得到我們，才可以建立更融洽也更熟稔的關係。在疫情期間，我們也發現大部分的合作廠商開始採取同樣的方式。

看得到畫面，也更容易看出對方是否分心，通常從表情就可以看出端倪。有一次業務上的視訊通話，我們的員工剛好人在車上，因此沒有打開鏡頭，他實在自顧自的、滔滔不絕講太久，我從潛在顧客的視訊畫面就可以看出他對這次提案已經失去興趣。然而，因為這位業務沒有打開視訊畫面，所以根本沒有察覺顧客的情緒，也無法即時應對。

雖然我們大力推薦使用視訊電話，但各位也務必了解，視訊比以往面對面或在電話中討論更加令人疲憊，這也是「視訊疲乏」（Zoom fatigue）一詞出現的原因。我們會對視訊感到疲乏有許多科學因素：首先，大部分視訊會議的參與者會覺得自己必須與面前的螢幕——或是鏡頭上的綠色光點——保持眼神接觸，整個視訊的過程都不可間斷，長期下來會特別令人疲憊。

此外，實際面對面開會時，談話之間出現短暫的沉默再正常不過；然而視訊時，對話一旦出現停頓就令人備感壓力，大家會擔心是不是設備或網路出問題，也可能急著說話填補這個尷尬的沉默時刻。雖然視訊是科技的一大進步，但也有各式各樣的證據指出，視訊會議比起實體碰面或電話中的對話更令人耗費心神。

如今有上百萬的上班族體會到連續花四小時講視訊電話的感受，因為必須全程表現專注、用心參與，這樣的狀態令人筋疲力盡。一般人通常無法忍受好幾個小時盯著鏡子裡的自己，長時間在電腦螢幕上看著自己的臉也是同樣令人茫然。我們可以在講視訊電話時使用「目前演講者」（speaker view）的模式，特別是在講一對一的視訊電話時這招更是好用。使用這種模式時，發言者的螢幕畫面會放大，令與談者更容易專心。

我們以前的策略是盡可能使用視訊通話，但因為現在遠距會議越來越普遍，我們開始意識到，長久累積下來的視訊疲乏可能造成負面影響——通常講了三～五小時的視訊電話後，就會開始令人感到疲憊，因此改將更多公司內部討論的視訊會議轉換為其他形式，對員工來說會更有幫助。公司內部團隊之間通常已經有良好的合作默契，因此將視訊會議轉變為電話會議的形式，你就能選擇坐在戶外進行電話會議，可以在住家附近走走，甚至是在家裡講電話時一邊動一動，幫助血液循環。

總結這裡提供的視訊電話小祕訣是：

↓ 將視訊會議時間保留給與公司外部人士的會議、概念發想的討論、全公司會議；或是討論公司內部的敏感話題時，像是與員工溝通工作表現缺失。

↓ 用電話與同事進行不那麼正式的會議、十五分鐘的工作回報，或是只需要聆聽而不必參與談話的團體討論。

善用非同步視訊

還有另一種使用視訊做為單向溝通的好方法，這種方法也越來越受歡迎：非同步視訊（asynchronous Video），或稱為單向視訊（one-way video）。

現在的跨國公司有越來越多分布在全球不同時區的員工，因此要在一場視訊會議裡聚集所有的員工實在非常困難。在需要向全公司宣布消息時，要求超過一七〇位員工一起加入談話也非常不容易，所以不如將訊息錄製成影片，請員工有空時觀看。這種以視訊影片向員工傳達訊息的感覺比冗長的電子郵件來得平易近人，拍影片更是比撰寫電子郵件快，還能更清楚傳達言詞間的情緒。像Zoom、Loom、Vidyard這些視訊平台都很適合用來錄製這種影片。

非同步視訊不僅很適合用於團隊間的溝通或向全公司傳遞訊息，用於個人之間的溝通也越來越便利。假設你收到一封需要謹慎回應的電子郵件，在這種情況下，錄製短片比撰寫及編輯細膩的書面回覆更有效率。與其花上整整一小時寫作、編輯內容複雜的電子郵件，你可以花不到五分鐘的時間錄製影片，以彷彿面對面討論的形式回應對方。疫情期間，我們有一位高階主管就把以往每個月底會寫給全體員工的每月總結信件，改成錄製非同步視訊影片，她以後大概也會繼續使用這種模式，因為這樣她每個月就可以少寫一封信了。

對於大部分的人來說，寫作並不是一件信手捻來的事。在遠距辦公室裡討論重要事情時，很容易因為使用電子郵件而把訊息傳達得不夠清楚，造成工作團隊誤解或是不了解接下來的行動方針。非同步視訊則可以避免這一點，因為發送訊息的人可以在影片中清楚表達自己的意思，也可以融入重要的元素如語調和肢體語言。

非同步視訊也可以讓員工的工作安排更有彈性。如果有員工或同事問了個很難用電子郵件回答的問題，你不必忙著安排跟對方進行視訊會議，只要錄製影片傳送給對方，就可以放心信任這支影片能完整傳達你的意思。

但各位也必須了解使用非同步視訊的適當時機。因為收到影片的對方無法即時回應，在處理某些敏感議題，如解決爭執、回饋負面意見、處理其他可能引發爭議的情況時，就不適合使用非同步視訊溝通。請絕對不要用非同步視訊進行績效管理*。非同步視訊很適合用來傳達值得下載保留的資訊，例如：解釋某些程序、向工作團隊更新工作近況、教育訓練、向同事簡報專案狀態。

雖然這種溝通方式可能感覺起來不太自然，特別是在某些工作文化場域裡，這種感受可能會更明顯。收到畫面中有人在對你講話，卻無法直接回應的訊息，也可能會讓人不太習慣。所以很重要的是，工作者在拍攝這種非同步視訊時必須把這一點銘記在心：讓收到影片的人一開始就會知道影片涵蓋哪些內容，並且提供對方提出疑問或回應的明確管道，必要時可以做進一步討論。

* 譯注：performance management，為確保組織的各種行動與成果，實行有效率且符合組織目標的管理行為。

改變工作地點

遠距工作其中一項很誘人的優點就是可以改變工作地點。雖然部分的遠距工作者只打算稍微搬到離市中心遠一點的地方，但有些人則是趁機一口氣搬到不同的州或國家，免去找新工作的麻煩。

許多企業組織都允許遠距工作的員工這麼做，但在你準備賣房子或跟房東退租之前，務必好好思考以下幾個重要的問題。

首先，你得搞清楚你「可以」搬去哪裡。如果你打算搬到自家公司還沒有在當地招聘任何員工的州或國家，就不該理所當然的認為，你的主管一定會允許你搬去那裡同時還保留現有職位。各個國家和不同的州有不一樣的勞動規章、稅法、員工福利規定，有些地點的法律規定實在太繁瑣，或是讓員工居住在那裡的成本太過高昂。你可不希望已經簽了租約或搬家了才知道這些事。

因此，搬到公司已在當地有招聘員工的州、國家或地區，或許事情會比較容易，特別是如果公司在當地有一大堆員工則更加理想。總之，千萬不要把一切都當作理所當然。一定要主動洽詢公司的人資專員，與他們溝通你的想法，詢問是否可行，還要搞清楚更改工作地點是否會影響你的薪資、福利等工作條件。

例如，依公司規定，可能改變工作地點有可能會影響你的薪水。企業在設定員工薪酬時，通常會將當地市場的居住成本納入考量。如果你搬到居住成本比原來低得多的區域，公司或許會根據這一點調整你的薪資。事實上，這種調整在企業界早有先例。某些規模龐大的科技公司就曾宣布，如果員工搬離物價高昂的城市，例如：舊金山、紐約、倫敦，就會隨之調降員工的薪水。因為員工如果住在居住成本昂貴的地區，才必須仰賴相對高昂的薪資。

搬家改變工作地點時也必須考慮稅務及福利的問題。如果你是透過公司享有健保給付，搬家後（即便只是搬到不同的州）可能就必須加入不同地區的健保方案，因為大部分保險公司都沒有提供橫跨全美的保險方案。不同的州、地區、國家的稅法也大不相同，因此請務必先搞清楚你在下一個居住地點適用什麼稅率。

在某些州、某些國家境內，是根據你居住及工作的地方來徵稅；然而，其他地方可能是根據你所任職的公司的辦公室或總部所在地徵稅。這點可能會大幅降低搬遷到稅法對你更有利的地區的意義。

能夠隨心所欲搬家是遠距工作的一大優點，但是在決定辦家之前，請一定要做好事前功課。

拓展工作與生活結合的疆界

我們應該都還記得迎接暑假以前，最後幾天的上課日，那種準備擁抱自由的感覺。

米蘭達．巴瑞特（Miranda Barrett）雖然離開校園已久，但她每年一到夏天，依然會有這種感受——在疫情尚未侵襲全球之前，年年都是如此。

巴瑞特從二〇一七年開始完全採遠距工作模式上班，她起初擔任顧問職務，最近則在美國的會員組織 Community Company 擔任成功會員組織（member success）的協理。她的故事就是利用遠距工作機會創造美好生活的絕佳範例。

「如果你的孩子已經開始上學，就很難再隨時到世界各地旅遊了。」巴瑞特是兩個男孩的媽，她這麼說：「但夏天就是我們家的魔幻時刻。我可以為全家創造美好的夏日時光，而且只要安排好營地和協調好什麼時間由誰照顧孩子，我就可以在必要的時候不受打擾好好工作。」

二〇一九年夏天，巴瑞特和家人花了七週到各地旅遊，她們造訪了北卡羅來納（North Carolina）、佛蒙特（Vermont）和加州。前一年夏天，她則帶大兒子到加州和夏威夷旅行。她不需要趁著國定假日或是請假才能享受這些旅程。她在正常的上班時間工作，領導由三十五位員工所組成的部門，同時把握工作以外的時間跟孩子們創造一生的美好回憶。

雖然因為疫情，巴瑞特不得不取消二〇二〇年夏天的旅遊計畫，但她和家人的生活依然有重大改變。他們沒有繼續待在阿靈頓*的家跟其他人保持社交距離——據巴瑞特所說，他們在阿靈頓的房子跟鳥籠差不多小——而是選擇舉家搬到親戚位於維吉尼亞（Virginia）鄉下的農舍，他們可以在那裡養羊、養雞、養狗。

疫情過後：遠距工作者的未來

許多人自二〇二〇開始才首次體驗遠距工作，卻因為疫情而無法複製巴瑞特過去利用遠距工作所創造的生活模式。然而，巴瑞特的故事依然描繪了在疫情過後，遠距工作能帶來的各種可能性。

思考遠距工作的未來時，我們必須了解因為Covid-19對生活的影響，許多人是在即便沒有疫情依然令人覺得不正常、或不妥當的條件及限制下遠距工作。如果你也是因為疫情才開始嘗試遠距工作，別忘了往後的遠距工作條件一定會有所不同，也一定會令人更自在。

首先，我們先前提過，疫情過後有小孩的員工不再需要在家上班同時帶小孩了，公司也預期在外面恢復安全後，員工會在工作日將孩子託付給專人照顧。

員工也可以有越來越專業的辦公室配置——在家裡特別安排工作空間，設置更好的照明設備、妥善的科技配備、乾淨整潔的背景及其他看起來更專業的擺設。然而，勢必要在物流運送都恢復正常後，員工才有辦法妥善安排這些空間配置。有了完善的居家工作環境，才能讓在家上班的員工覺得更舒服、更自在；才能真正感覺自己是在家工作，而不是連居家生活都無法逃離工作。

遠距工作的員工如果可以利用工作的彈性到健身房上課、在午休時間採買民生用品、跟朋友喝杯咖啡、下班後去喝杯小酒，工作就不再令人覺得如此孤單。如同巴瑞特的個人經驗一樣，對遠距員工來說，一邊工作一邊旅遊，或者利用工作的彈

＊譯注：Arlington，位於美國德州的城市。

性搬遷到新環境，在工作之餘探索周遭的生活型態會更加普遍。儘管這些工作安排都必須經過事先謹慎計畫，並且必須徵求主管同意才能實現，但與根本不可能做到這些事的實體辦公室上班族相比，遠距工作擁有更多可能性。

宏觀來看，遠距工作讓人們有機會拓展更多生活的可能性，也讓工作者能夠真正自由選擇居住的地點和生活方式。雖然世界上有許多人的確是因為喜歡都市生活，所以選擇住在大城市裡，但也有很多人是因為自己身處的產業非得在大城市才有好的工作機會，因此不得不選擇住在那裡。幾十年來，上班族為了在對於事業的追求和理想又負擔得起的居住空間之間取得平衡，不得不忍受越來越長的通勤時間。

在越來越多企業組織可以接受遠距工作的時代，人們終於真的能夠選擇自己真心渴望的居住地點了。想要住在郊區建立家庭的人，可以尋找遠距工作組織的工作機會，讓他們能夠自由選擇自己喜愛的生活模式，同時也不必犧牲事業。

伴侶之間也不必再面對選擇困難，像過去一樣非得要其中一方放棄原來的工作，為了對方的工作機會搬遷到另一個城市。因為有更多人在家工作，選擇通勤上班的人所面對的交通流量也會降低，大眾運輸系統也不再那麼擁擠。

請各位捫心自問——如果可以任意選擇居住地點，不受工作限制，你會選擇住在現在的住所嗎？你是否希望住得離市中心遠一些，搬到更大的房子，擁有更好的居家辦公環境呢？不管你的答案是什麼，遠距工作都能為你帶來與過去截然不同的各種可能性。

綜觀以上種種，在疫情終於過去後，遠距工作者很可能會發現，居家工作變得更容易了。在疫情期間對遠距工作並無特別喜惡的工作者，或許也會發現自己在世界恢復正常以後，反而更喜歡在家辦公。本來就樂於遠距工作的人，會更享受這種工作模式！

這就是工作與生活結合的全新疆界。虛擬辦公室為工作者帶來可以按個人喜好結合工作和生活模式的機會，不再需要為了把握工作機會非得住在哪裡不可。

即便如此，依然不是人人都適合遠距工作，也不是每一種工作都適合遠距工作模式。巴瑞特的丈夫是《華盛頓郵報》（*Washington Post*）的記者，他每天都在期待能夠回到新聞編輯室。然而，巴瑞特經過多年遠距工作歷練，也管理了那麼多位遠距工作者，她深信大部分嘗試過遠距工作的人，都不會想再回到實體辦公室上班。

「遠距工作真的擁有無限可能。」巴瑞特這麼說：「我不知道未來會怎麼樣，也不知道之後我們會住在哪裡、做什麼工作，但我不願放棄遠距工作為我帶來的生活彈性。」

第二部

遠距工作企業的成功法則

第三章　一切都從組織文化開始

員工在遠距工作的模式下，可以大幅掌控自己的工作體驗。不管是安排工作計畫的方式、居家辦公室的配置、分配精力的優先順序，都是維持健康、高效的虛擬辦公室職涯的關鍵。但如果要讓遠距工作模式在自家企業奏效，企業組織領導者則扮演更重要的角色。

如果你打算將公司調整為遠距工作模式，同時想要獲得長遠的成功，就一定要好好建立企業文化基礎，盡可能確保自家員工站在通往成功的起跑點上。為了達成這項目標，你所需建立的企業文化，或許跟現有的大不相同。為工作團隊提出最佳實務*與妥善工作程序，或許有點幫助，但更重要的是必須仔細檢視企業組織的原則、營運系統，並且深入企業本身基礎，確保自家公司的遠距工作文化能讓員工即便不在辦公室，也能有出色的工作表現、身心健康。

工作團隊的每日營運仰賴公司領導者設立的文化基礎。所以，我們先探討建立能維持健康、高效遠距工作成效的基本要素，接著再深入研究到底有哪種組織系統可以支持這種企業文化。

值得一提的是，我其實並非一路走來都對企業文化這麼有熱忱。坦白說，我曾經認為許多公司所聲稱的「文化」都很假，那些使命、願景、核心價值都是放屁，只是用來讓那些公司顧問有機會忙著思考怎麼用各種標語裝飾公司牆面。

許多年來，我每次走進各種企業的辦公室，都會看見牆上貼著到哪裡都看得到的企業核心價值，例如：誠信、團隊合作、正直。這些陳腔濫調聽起來不僅是任何企業都說得出來的價值，我也發現這些把文化掛在嘴邊的企業，其實根本明目張膽的不斷做出違背這些原則的行動。

＊　譯注：best practices 為管理學概念，認為有某種技術、方法、過程、活動或機制可以達到最佳生產或管理實踐結果，且能夠減少出錯。

聯合航空（United Airlines）就有這種問題。聯合航空的核心價值是「把事做好、友善服務、團結合作、超越自我」（fly right, fly friendly, fly together, and fly above and beyond）。他們的企業價值基礎應該是「建立人與人、世界之間的連結」。

然而，二〇一七年四月發生的事件，卻令人對聯合航空提出的企業文化感到惱火。當時聯合航空請機場警衛將乘客拖下自家班機，惹出巨大爭議。因為聯合航空超賣機位，卻拒絕提供足以令乘客心動自願放棄機位的補償金；反之，竟動用暴力將乘客杜成德（David Dao）拖下飛機，過程中還毆打該名乘客，造成對方受傷流血，其他乘客拍下現場畫面，立刻在網路上瘋傳。於是這把火立刻燒回聯合航空身上。

就因為不想多花那幾百塊美金補償根本沒做錯事的乘客，該事件為聯合航空引發極大爭議，同時也使公司市值蒸發約八億美元。聯合航空的公司文化表面上是期許能夠連結世界各地，然而他們的實際作為卻使全世界聯合起來**對抗他們**。

商業界有無數這種負面案例。看到這些事件，讓我對企業文化更加存疑，即便其中有些文化我們公司也可以運用。看到各家企業推廣著通俗、迎合公關形象的企業原則，卻根本沒有用心觀察員工的感受，這種違和感會使員工對於這些守則和公司的整體文化感到懷疑。

諷刺的是，後來卻是另一家航空公司改變了我對企業文化的觀感。赫布·凱勒埃（Herb Kelleher）是西南航空的創辦人，他一直以來都是我在商業界景仰的典範人物。凱勒埃在美國最被看重且獲利高昂的航空產業中打造了全新的廉價航空公司，他藉由跳脫傳統的思維模式在業界站穩腳步，並且比那些規模更大的競爭者更懂得創新。

我在二〇一三年參加過一場會議，有位講者曾經訪問凱勒埃，他向凱勒埃請教西南航空脫穎而出的祕訣。講者表示，當時他問凱勒埃的致勝祕訣是什麼？如何在一九九〇年至二〇〇〇年期間，使西南航空的收益超過整個美國航空產業的收益。凱勒埃的回答只有短短兩個字：**文化**。

我原本預期凱勒埃會歸功於他們節儉、有效率的作為、不中轉旅客的經營策略、聰明的行銷手法、或是以幽默著稱的客戶服務態度。然而，聽到凱勒埃的回答，卻讓我開始徹底重新思考自己對於組織文化的態度，同時深入研究。

如果逐項審視，你會發現西南航空的企業文化與其他公司非常不同。以下是他們定義的企業核心價值：

● 西南航空的生活態度

↓ 勇往直前

↓ 真誠服務

↓ 幽默有愛（Fun-LUVing）＊

西南航空的工作態度

↓ 安全第一

↓ 驚艷顧客

↓ 節約成本

西南航空並未採用通俗的企業價值標語，他們的核心價值反映出企業本身獨一無二的價值觀，我們也可以從西南航空傑出的服務實例看到他們的企業文化。更重要的是，從日常營運裡也能清楚看出他們所秉持的企業價值。然而，我心中的疑問依然存在——西南航空真的實踐了這些企業價值嗎？還是只是喊喊口號而已？以下的真實故事可以為我們解答。

＊譯注：西南航空在紐約證券交易所的代碼為 LUV，與 Love 讀音相同。

二〇一五年，佩姬．烏爾（Peggy Uhle）搭乘一班飛往芝加哥的西南航空班機，這是她從羅里—德罕（Raleigh-Durham）飛往俄亥俄州（Ohio）的哥倫布（Columbus）中途的第二站。正當飛機準備滑行到跑道時，突然掉頭滑行回到原本的登機口，接著機組人員透過對講機請烏爾下飛機。

就在烏爾回到登機門時，西南航空的員工通知她，她的兒子在丹佛（Denver）遭遇嚴重事故，目前陷入昏迷。向烏爾傳達這個令人心痛的消息後，西南航空的員工帶烏爾到不受打擾的空間休息，主動為她訂下一班前往丹佛的機票，確保她可以率先上下飛機，甚至還為烏爾準備了免費餐點供她路上補充能量。西南航空接著將烏爾的行李直接送到位於丹佛的醫院，並且安排好從機場前往醫院的接送座車。

西南航空的營運程序裡並未明確規定如何應對像烏爾發生的這種敏感狀況，但他們的企業文化和價值相當明確，希望員工「驚艷客戶」並且「真誠服務」。因此員工知道他們可以依循西南航空獨一無二且深刻的企業價值行動。他們無須上報管理層請求許可，而是可以直接付諸行動，在顧客需要時伸出援手，為乘客提供超乎想像的貼心服務，也因此使西南航空無微不至的服務精神在媒體上廣為流傳，展現出他們與聯合航空截然不同的行為模式。

西南航空的故事讓我們看到，企業展現自身文化所能獲得的最佳成果。就算沒有上司的監督，員工也該知道如何行動。他們深知自家公司的價值所在，也知道如何在日復一日的工作中實踐這些價值。這種心態對於遠距工作的環境來說不可或缺——特別是員工得在不太有上司監督的環境下做出關鍵性的決定時，更是如此。

疫情期間，許多企業組織突然轉換為遠距工作模式，更點出企業文化的一項關鍵：企業文化不應該靠面對面接觸或時常開會、辦活動才能維持，而是必須本著絕對不可以打折的中心原則、目標、營運標準來建立企業文化，讓員工不管在辦公室還是家裡都能一致遵守。

徹底更新企業文化

企業文化不該只是公司草創時期建立出來的一套標準。凱勒埃的確是企業領導者如何影響自家企業長年體質的絕佳案例，但其實文化也是一股巨大力量，可以改變任何規模、世界任何角落的組織。企業組織在面對像 Covid-19 疫情衝擊或遠距工作模式的全球潮流所帶來的轉變時，可以也應該趁勢將文化當作改變的重心。

加里．禮奇是 WD-40 公司的執行長，他為公司文化帶來徹頭徹尾的重大改變，也在企業各層面造成無可取代的影響。

WD-40 公司已躋身國際知名品牌長達數十年。如果你看過他們家的除鏽潤滑劑，腦中或許會浮現那藍色搭配黃色的瓶身以及紅色瓶蓋的知名包裝。然而，儘管他們的產品大受歡迎且在全世界販售，在一九九七年加里．禮奇榮升為公司執行長時，公司內部其實還是有許多需要改進的地方。

禮奇初掌大權時，WD-40 公司其實已經頗為成功了，但他們的員工忠誠度卻只有40%。這種員工忠誠度低落的現象，正反映了公司內部的信任度和透明度不足。

自從禮奇接手經營後，在他的任期內，公司市值從三億美元上漲至二十四億美元，而且儘管WD-40公司的五百位員工遍布全球，他依然在這段期間使員工忠誠度上升至93%。

正如同凱勒埃的態度，禮奇也堅信公司的一切成果都源自於建立並固守正確的企業文化準則。

「如果沒有正確的企業文化，就不可能改善工作成果。其中一項我們必須面對的挑戰就是，不管是在策略與執行層面，還是人、目標與價值層面，都需要花時間處理，公司必須在這兩者之間找到平衡。」禮奇如此表示。「我認為這一路走來，我們已經證明公司策略和執行層面的確相當重要，但如果想要增加執行策略的力道，就必須要有足夠忠誠的員工。」

禮奇表示，在他開始主掌經營權之前，多年來WD-40公司內部一直瀰漫著

「知識就是力量」的氛圍，因此員工很少向其他同事分享自己的最佳實務能力與技巧，因為對員工來說，專業能力就定義了自身在公司內部的價值。也正因如此，員工不敢請求幫忙或採取大膽的行動，畢竟整個公司都瀰漫著對失敗的恐懼感。然而，身為跨國企業，「分享」才是確保公司整體能夠貫徹最佳實務、清楚溝通的必要手段，同時也能夠幫助工作團隊成長。但 WD-40 公司的員工卻都按彼此心照不宣的惡習行動——自掃門前雪。

禮奇深知 WD-40 公司的文化需要被徹底改變，但他也知道對於跨國企業來說，許多直接、系統性的改變，不管是在溝通或是實行上都相當龐雜、困難。因此他決定從重新定義公司文化開始起步，從有建設性的角度做出重大改變：將學習永遠放在第一位。

「我們把工作中遇到的每一種狀況都當作學習機會。因此我們不再使用『失敗』這個詞，而是將這些狀況稱為『學習良機』。」禮奇如此說：「這項改變確實讓員工們更能敞開心胸分享經驗，不必擔心難堪、會被取笑之類的。這大大改變了我們的企業文化。」

單靠這一項改變，並不能徹底改變 WD-40 公司的文化，但這的確激起公司文化底蘊的重大變化。對員工來說，公司領導者表現了明確態度，讓員工知道他們最關心的重點是要創造可以持續主動學習的環境，在學習的過程中不管是面對失敗還是挫折都是好事。因此員工開始有勇氣持續學習，也願意將過程中發生的錯誤視為學習經驗；他們也開始跟同事分享資訊，與同事互相探討個人專業，不再藏著口袋裡的那兩把刷子，怕自己在公司失去「價值」。

員工一致投入學習的心態，成了禮奇逐步重新打造 WD-40 公司整體文化的助力，員工對於公司的認同感、信賴與熱情，開始為公司奠定良好基礎。WD-40 公司並非只把自己視為工業用潤滑產品銷售商，而是將公司的使命視為「創造正面的永恆回憶」；WD-40 公司也因此賦予自家一系列產品協助顧客創造回憶的價值。

WD-40 公司把全體員工視為一個大家庭，公司的使命就是要讓所有員工都樂於生活也樂在工作。禮奇的團隊則致力於打造與顧客及同事之間都緊密且互利的關係。公司同時也創造出永遠都對員工負責的公司文化，特別是身為公司領導者，更要以身作則。

以下所講的最後一點，或許正是最重要的一點。公司領導者和主管都必須了解，自己務必成為員工的典範，並且從旁協助員工達到自己建立的標準。在世界級的大企業裡，員工本身的確必須投注足夠程度的信念與努力來達到公司標準，但公司本身也要有健全、良好的文化，讓管理階層了解自己必須對工作團隊的表現負責。禮奇將WD-40公司的主管稱為教練，他認為帶領員工實踐最佳的工作表現，就是主管們的責任。

禮奇表示：「如果我們有把準備工作做好，向這個大家庭的成員清楚闡明何謂最佳表現，協助員工達到優異成果，就是所有教練的責任。」

禮奇要求所有公司主管在指導、領導其他公司成員時，也要記得自省並推己及人。公司文化和業績表現都不理想的組織，通常都是以責怪、恐懼來管理員工；組織管理者選擇用這種方式管理下屬，通常是因為這些管理者其實根本沒有興趣協助員工成功，或是實在沒有這種能力。這些組織裡的成員不敢回饋個人意見，只能為了證明自己的價值一週死命工作八十小時，同時還要面對上司管東管西、令人洩氣的管理方式或是冷漠的態度——以上種種負面因素，在遠距工作環境裡則會變得更加嚴重。

因此可以輕易想見，在深入探討如何創造健康、令員工忠誠的遠距工作組織之前，我們必須先以廣泛的角度定義文化。如果遠距工作組織想要有出色的工作表現，就應該仿效像 WD-40 那樣出色的公司，好好打下公司文化的核心基礎，為自家企業文化奠定穩固基石。必須令員工不害怕採取行動，並且有能力在沒有上司監督的狀態下工作，同時務必鼓勵員工大方與同事分享各種資訊及最佳實務方法，致力於讓員工覺得自己是工作團隊的一分子，並且讓他們認知到自己的工作是公司遠大目標的其中一環，比他們原來所想的更加重要。而且要讓員工建立信任感，相信組織內的其他同事都會支持自己。

如果你也打算將公司的工作模式轉換為遠距工作，你得先好好檢視公司文化，判斷目前是否已打下良好基礎，適合繼續建立屬於遠距工作組織的文化。如果貴公司的工作程序、溝通模式，甚至是公司願景或價值，都藏有蟄伏已久的問題，未來在沒有實體辦公室將團隊每天聚在一起的環境下，這些議題可能會變得格外明顯。

現在，就讓我們先定義公司文化，以及形成文化基礎的核心要素。

公司文化的定義

現在我們要先面對一個重要的問題：公司文化是什麼？經過反覆省思與深入研究後，我得出了兩種不同的定義。文化是：一、組織的營運系統；二、當管理者不在時，員工做決定的方式。

要打造世界級的公司文化，就必須有真誠的管理態度。企業組織的領導者一定要有自知之明：必須知道自己的定位，也必須清楚自己最重視什麼。如果要打造出能夠有效領導員工的絕佳公司文化，就一定要從你個人相信的做人處事原則以及你所重視的價值出發。如果你提出的公司價值無法在某種程度上反映你自身相信的價值，我不相信這樣打造出來的公司文化能夠長久，因為如果那不是你深信的價值觀，無法真心依循這種文化領導公司。

我在深入探討企業文化，並且建立我對絕佳企業組織文化的認知時，我曾與上百家企業組織合作過，研究各類型表現傑出的組織，包括商業組織、非營利組織、公民組織及其他各種組織。在這個過程中我發現，一些表現出色的組織的文化裡，有以下五項原則反覆出現，因此我稱它們為五大至高原則：

↓願景

↓價值

↓目標

↓一致性

↓清楚明確

前三項是最核心的要素，後兩項則是用來為前幾項核心要素定調的修飾詞。

首先，成功的公司都有清晰、前瞻性的**願景**。這些公司對於前進方向有明確的想法，他們可以用激勵人心的方式，向公司內部與外部的所有利害關係人傳遞願景。

一個組織會努力達成願景，就是為了實現他們所相信的**價值**，這正是公司及員工在維持組織營運時不可退讓的原則。這也彰顯了西南航空的例子——他們因為按公司深信的價值行事，因此可以對社會產生貢獻，而不是用惡劣的方式對待顧客，硬是把他們拖下飛機。

優異的文化也會有明確的**目標**，員工只要達成一個又一個的目標就能實現公司願景，進而支持他們所相信的價值。在追求實現願景的過程中，目標就像計分板一樣。如果你的公司達成了一大堆目標，卻跟原來追求的願景毫無關聯，那這些目標就只是空洞且沒有意義的成就，根本無法為你累積分數，帶領公司全體員工抵達嚮往的目的地。

用來為願景、價值、目標定調的修飾詞就是**一致性**與**清楚明確**。能實現美好成果的組織都有一致的願景、一致的價值、一致的目標。員工不必擔心公司的核心目標與原則朝令夕改。而且，這些組織都有清楚明確的願景、價值、目標。所有人都深知這些原則，也在日常工作中按永不動搖的原則行事。

對遠距工作組織來說，公司文化不能只是牆上海報的一堆空話。說起來，虛擬辦公室根本也沒有牆壁可以讓你到處貼那些印了陳腔濫調的海報。各位在接下來幾頁可以讀到，想要成為成功的遠距工作組織，務必要確保所有員工迅速認清公司的願景、價值與目標，並且理解如何在日復一日的工作中融入這些原則。

你可能會想，「要談何謂傑出的公司文化，一定得把人的因素也囊括在內吧？」的確，公司成員對於公司是否能成功來說至關重要，但如果不先確定自己到底想打造怎麼樣的公司，根本無法找到正確的員工。在確認文化底蘊前就先去想招募人才的事，實在是本末倒置；對於遠距工作公司來說更是如此。如果你打算在還沒搞清楚自家公司原則與目標的情況下，不管三七二十一就先聘雇工作團隊，很可能會因此請到不適合的員工。

在運動競賽的產業裡，團隊的總經理也會事先聘請好教練，決定團隊的策略後，才按需求招募選手，因為一位出色的運動選手不一定能適應每一支不同的團隊。傑出的運動團隊考量的是團隊整體的成功與否，他們不會為單一選手改變團隊的整體方針或是整個組織架構。

這五大要素就是決定你的組織是否能成功建立良好文化的關鍵。接下來我們將逐一深入了解。

願景

在加速夥伴，我們的願景是「領導夥伴行銷業界的新革命，同時改變工作與生活的型態。」——這就是我們公司的宗旨，與我們的願景產生共鳴的人，也自然而然的會想跟我們一起工作，這些願景對他們來說才有真正的意義。願景的存在，的確是企業成功的關鍵，如果能更進一步把願景融入現有及未來員工的生活裡，就會更有效果。

我從兩位朋友身上得到靈感，進而思考出如何實把願景，融入員工的生活之中。布萊恩．斯庫達摩爾（Brian Scudamore）與卡麥隆．哈洛（Cameron Herold）共同管理一間加拿大公司，他們同時也是思想家。兩人是經營全球商業廢棄物處理公司「1-800-GOT-JUNK?」的事業夥伴；斯庫達摩爾是創辦人兼執行長，哈洛則是公司首位首席營運長。他們不斷擴大業務規模，更在這個過程中推廣與以往不同的領導方針。二〇〇〇年，公司收益在一百萬美元停滯不前，於是斯庫達摩爾意識到他和哈洛必須描繪出更大膽的願景，讓大家知道他們對於公司未來三年進展的期許。他直奔小木屋，花了好幾天，終於描繪出公司在二〇〇三年的未來樣貌，他稱這個行動為「繪製未來」（Painted Picture）。這份未來藍圖還包括一份記錄口述內容的文件，詳述三年後對於公司領導階層與員工而言，在這裡工作會是什麼樣子。

斯庫達摩爾把繪製未來的成果做成一張海報，裱框後掛在辦公室裡。另外，那份文件則詳實記述了各種種種細節，不僅討論到像擴張業務這種公司未來亟欲達成的目標，還囊括個人層面的細節，如員工及顧客會如何描述在公司工作或消費的體驗。斯庫達摩爾更把獲邀上《歐普拉．溫芙蕾秀》（*The Oprah Winfrey Show*）也納入自己對於未來的願景裡。

時至二〇〇三年，斯庫達摩爾的公司達成了繪製未來裡96%的目標，公司也即將迎接指數性的大幅成長。直到現在，斯庫達摩爾的公司已經成長到年收益超過二．五億美元的規模。他每隔幾年就會創作新的「繪製未來」，讓大家知道他對公司的願景。

各位應該也很好奇——斯庫達摩爾的確按他的計畫、在二〇〇三年獲邀上了《歐普拉．溫芙蕾秀》。

哈洛擔任公司的商業顧問，就像是全公司員工的教練一樣；他將斯庫達摩爾的這套習慣轉為他稱做「描繪願景」（Vivid Vision）的訓練。核心概念就是要在心裡想著某個明確的未來時間點，並且用敘述現在事實的口吻，盡可能詳述當時的公司和員工們會是什麼樣子、什麼感覺。

受斯庫達摩爾與哈洛啟發，我們在二〇一六年底決定坐下來好好為公司做一次「描繪願景」的訓練。我們首次嘗試描述公司在二〇二〇年一月一日的樣貌。

當時我們寫下的願景是，到時候公司收益會增加為原先的三倍、擁有超過一百名員工。我們也準備寫作第一本有關夥伴行銷行業的專書，並且將書名取為《夥伴行銷面面觀》（*Performance Partnerships*）。我們會贏得許多還沒拿過的公司文化重要獎項，同時也將國際業務拓展到四個國家。

當時這些願景看起來都非常大膽，因此的確會在工作團隊中感受到質疑的態度，我也必須承認，當時連我自己都有些遲疑。然而，我們還是開始廣為分享這份願景——不管是團隊成員、可能成為員工的人才、客戶及業務上的夥伴，都收到我們對於未來的藍圖。我們甚至在想要向銀行提高信用額度時，提出了這份願景，他們也在看到如此明確的未來藍圖後，增加我們公司的信用額度。也因為如此詳盡描繪出對於未來的展望，這份願景成了指引公司前進方向的北極星，也可以藉此吸引正確的人才加入、建立目標並衡量進步的程度。對於那些對我們的前進方向無動於衷的人來說，這也是個衡量是否退出這趟旅程的良機，對於勞資雙方都有好處。

二〇一九年底，我們在年度的公司活動上慶祝幾乎達成每一項目標。此時的我也早已花了兩個月好好坐下來、寫下我們的下一個「描繪願景」，描繪我們的業務在二〇二三年一月一日會進展到什麼地步。從那一刻開始，我們全心全意投入，想讓這個美好的循環周而復始的持續下去。

價值

核心價值就像基因一樣，可以決定一個人在公司裡是否能成功。你得在雇用員工以前搞清楚對方的核心價值，因為如果他們的核心價值與你不同，或是在行為上無法展現這些價值，這種人就不適合你的公司。核心價值應該要能夠以文字、客觀且可衡量的方式表達，這樣才能按圖索驥的以核心價值衡量某個人的行為或表現。只要把符合你核心價值的員工放在對的位置上，幾乎都能夠有出色的表現。

舉例來說，禮奇在打造 WD-40 公司的工作團隊時，組織的核心價值就是他們的企業文化。而且 WD-40 公司有層級之分，因此如果這些核心價值與某些情況的決策互相牴觸，層級越高的要越優先遵守。

他們的六項核心價值，由層級最高至最低排列如下：

↓我們重視做對的事。

↓我們重視為所有關係創造正面、永久的回憶。

↓我們重視每日都更進一步的價值。

↓我們重視以團體之姿成功，同時也要追求自我突破。

↓我們重視負責的態度，同時要有付諸行動的熱忱。

↓我們重視維持 WD-40 公司的良好經濟條件。

禮奇在談論自家員工時，總喜歡說在他的公司，任何人只要遵照一項以上的核心價值行事，都可以安心的做決定。即便是錯誤的決定——或者該稱為「學習良機」——只要這個員工是按公司的核心價值行事，就不會因此被懲罰，同時其他員工也可以從中學習。身為公司領導者，你對自己公司的核心價值也有這麼強大的信心，也願意對員工做出這種保證嗎？

在制定企業的核心價值時，要越精簡越好。

我們起初在建立公司核心價值時，提出了六項要點：**負責任、解決問題、追求卓越、把事情做對＋做好、真心的合作關係、不要當渾蛋。**我很愛我們的核心價值，同時也覺得這已經是最完美的版本了；但即便是我本人，也得想個縮寫才能完整記住這六點核心價值。在我就讀三年制企業管理碩士課程的第一年，有次討論企業文化時，班上有位女同學的公司有著絕佳的企業文化，她強烈建議每家公司只要秉持三項核心價值就好。因為如果只有三項核心價值，公司就能夠強調營運過程中最重要的事情，讓所有人都能輕易記得、了解並應用，不需要幫助記憶的口訣或縮寫就能牢牢記住。她也跟我們分享，擁有五或六項核心價值的公司，通常有些核心價值在更廣泛的概念上其實互相重複。

仔細想想，我也認同她的看法。於是我們重新評估所有的核心價值，發現其中有幾項其實很相似，因此可以合併。現在我們的核心價值已經精簡為三項：**負責任、卓越與進步、珍惜所有的關係**。我們公司全體員工應該都可以信口捻來這三項核心價值，因為我們每天都會提到這些價值，公司的主管們也不斷按照這個方針指導下屬，強調這些價值的重要性這三項核心價值也正是全公司行事及獎勵所依循的原則。

企業經營者必須投入時間與心力，確保自家企業的核心價值在領導遠距工作組織時依然適用。在虛擬工作環境裡，你得秉持明確、所有人都理解的原則，這樣大家才能按公司制定的原則行動，並且在無上司監督的情況下依然能夠順利做決策，這樣你也才能放心自己的團隊通通是在一致的原則下行動。

這些核心價值也能協助你辨認出哪些員工適合你的工作團隊。如果應徵者的人格特質無法反映公司價值，就我個人經驗來看，這些人很難在你的公司走得長遠。

例如，偏好經過共識才做決定，並且需要有人持續監督的工作者，可能很難在以獨立自主作業、獨立行動為核心的公司下有出色表現。這些人可能比較適合在重視其他價值的公司工作。

這呼應前文說的，核心價值就如同基因一樣，是員工在你的公司能否成功的關鍵。核心價值並不是貼在牆上的宣傳廣告，是你對於團隊如何行事的期許以及獎勵的標準。

秉持核心價值貴精不貴多的心態，評估員工是否按照這些原則行事就更加容易。如果你的公司像我們以前一樣有高達六項的核心價值，你可能會因為找到在六項中符合五項的員工就覺得足夠理想了；但如果像我們現在這樣只有三項核心價值，而某位員工在三項核心價值中只符合兩項特質，那就只達到66%的契合度——這在大多數評斷標準下都不合格。如果只有少數幾項關鍵評判標準，就更容易判斷對方是否適合你的公司。

核心價值應該完全融入你的公司組織，公司管理層也應該要依循這套價值做所有重要的人事決定。它們應該是決定獎勵、升遷、讚美與否的首重原則，也應該是向員工傳達意見回饋、帶領他們進步最關鍵的評估標準。我們公司甚至每年會對在各核心價值領域表現傑出的員工頒發獎項——這點我們之後再細談。

何時該運用核心價值

↓ 招聘員工

↓ 重大策略性決策／集思廣益（例如：這個決定是否能彰顯我們的核心價值？）

↓ 績效管理的面談及決策

↓ 升遷、加薪

↓ 嘉獎計畫、獎勵

↓ 專案簡報

↓ 公司內部溝通

↓ 澄清疑問（例如：這件事符合我們**負責任**的標準嗎？）

↓ 顧客或客戶的意見回饋

目標

這是讓你和你的團隊對工作負責的關鍵指標。目標不該只是聽起來令團隊或顧客印象深刻的標語，每個目標之間應該要相輔相成，最終引領你的團隊達成當初謹慎建立的願景和價值。

公司的長期願景就如前文所討論，應該要是立定全年目標的基礎。而且這些年度目標都應該為你的終極目標奠基，是一步一步引領你在預設期限前達到公司願景的關鍵要素。我們的「描繪願景」活動橫跨三個年度，工作團隊將這三年時間劃分為十二期目標和關鍵指標，逐步帶領我們達成最終目標。立定目標後，我們就會將這些資訊公開給整個團隊。

在任何組織裡，有責任感都是非常重要的特質，但這個特質的重要性在遠距工作環境裡則更加明顯。要讓大家對工作負責任的最佳方式，就是把一切都整理成一套系統，這樣一來，整個團隊就能使用這套系統即時更新工作狀況與進展。我們目前使用的是線上工具 Metronome Growth Systems，可以追蹤全公司所有工作者從高階管理層到基層員工的目標進度；市面上還有其他許多工具也相當實用。每個人的工作指標、目標以及為了達成這些標的而定的每週進度，都在系統上供全公司的人瀏覽，每一項目標會掛在不同員工名下，以紅、黃、綠三種不同顏色的燈號顯示目前的工作狀況。

使用這樣的系統可以讓整個工作團隊為一致的目標同心協力。我們團隊的每一個人都可以查看自己的年度目標和指標，檢視自己在與同事同樣的時間裡為公司目標貢獻了多少。對於基層員工來說，更應該讓他們理解分內工作正是為了公司的遠大目標建立基礎。

此外，這樣也能讓公司的資深主管產生責任感。高階管理團隊不該把他們設定的目標和指標藏起來，而是應該把這些數字秀出來讓整個團隊看見，藉此設立工作標準，並且讓員工也對這些目標產生責任感。

針對我們的遠距工作文化，最常被問到的問題就是，你們怎麼知道員工在家裡是不是真的有在工作？其實，如果開誠布公的讓所有員工知道公司的整體目標、用來支持公司願景的個人目標，公司對於員工工作成效的期許及這些目標的重要性就沒有任何的模糊空間。

員工們都知道，如果他們總是達不到目標或預先承諾的成果，最終公司裡還是會有其他同事出手相助，但他們終究會被究責。這種模式是圍繞我們最原始的核心價值——**負責任**而形成的自我反省機制。能負責任而產生工作動力的員工，正是會加入加速夥伴並在我們公司長遠走下去的人才。然而，負責任並非只有我們公司特別重視的特質，而是能夠為任何組織都帶來益處的優點。如果所有員工都知道公司對他們的期許，整個組織就會運作得更順暢。

總而言之，成果最重要，成果的優劣則應該根據你立定的指標來衡量。在我的職涯當中，從未利用跟主管視訊或加班加到天荒地老，來展現我有多認真工作。大部分的頂尖企業都知道，其實最重要的事情就是要確保員工有達成原先承諾的工作成果。如果企業能保持這種心態，就能鼓勵員工用更聰明的方式工作，而不是把自己搞得很辛苦或一直加班。

從銷售層面來看，就可以很容易的理解這一點。身為業務，如果一天下來沒有談成任何生意，根本也沒人會在乎他一整天打了多少電話、參加多少會議、工作了幾個小時。做業務的人都是根據其產出的成果來獲得收益，而非投入了多少時間。一天花兩小時工作就可以賣出五萬美元產品的業務，跟週間每天都工作十二小時，甚至週日還整天工作，卻只賣出一萬美元產品的業務，你一定會選擇前者吧？

有些組織會規定員工必須以視訊報備，或敦促員工投入大量時間心力來工作。這些組織會這麼做，要不是因為沒有設立適當的預期成果，就是因為他們無法讓員工對自己的工作負責，因此從視訊看到員工真的有在工作或者目睹員工有多辛苦，就是他們唯一能衡量員工到底有沒有在工作的指標。講到這裡，該是「一致性」和「清楚明確」出場的時候了。

一致性

我們有兩個用來為願景、價值和目標定調的修飾詞。首先是一致性：反覆遵照已經證明有效的程序，並且承諾秉持為求成功而必須達到的高標準行事。我們有許多一致的工作程序，讓所有人的工作都能維持在正軌上。

我們定期舉行的公司、領導層、工作團隊會議，通通都遵照同樣的程序。在公司內部的電話會議中，各部門也都按照固定先後順序報告，我們會特別嘉獎在工作上展現公司核心價值的員工，同時向員工傳達公司業務的核心意義。因為我們的員工遍布不同時區，所以不會每天都把員工聚在一起精神喊話，但各工作團隊每週都固定開會，全公司的員工也會隔週參與一次電話會議。

我們每年都會舉辦兩次名為核心會議的實體聚會，全球各地的員工會齊聚一堂、互相分享工作經驗，並且給予公司的領導團隊意見回饋。我們在後面的章節會進一步解釋核心會議的細節——這種模式讓我們每年有兩次機會跟公司大部分的成員面對面相處長達兩週的時間。我們也會舉辦名為「AP 高峰會」的年度實體會議，在年底將全公司成員聚在一起——細節我們也會在後續的章節進一步解釋。

我們總是做好問題會再次發生的心理準備，將每件工作的核心程序都詳實記錄下來。我們也不斷告訴員工：如果你不知道該怎麼處理某件事情，或是正在面對從來沒處理過的事情，公司都有最佳實務範例可以當作參考；但這並不表示我們制定的核心程序是僵化、不可變動的硬性規定——就如同我們的核心價值**卓越與進步**，我們鼓勵所有員工尋求改善現有工作程序的新方法。我們也會敦促員工與所有同事分享這些改進的要點，藉此強化公司的營運系統。也因此，我們可以確保公司裡每個成員帶來的進步都可以為全體員工所用，提升所有成員的工作思維。

如果你想在自家公司建立一致性的工作程序與標準，我強烈建議在公司內部引入從上到下一致使用的系統，其中兩種是許多成長型公司採用的知名系統，例如：凡尼爾．哈尼什（Verne Harnish）在他出色的企業成長專書《企業帝國：企業如何在業界致勝？》（*Scaling Up: How a Few Companies Make It...and Why the Rest Don't*）

提及Gazelles系統，吉諾・維克曼（Gino Wickman）在他的暢銷著作《吸引力：全面掌握你的業務》（*Traction: Get a Grip on Your Business*）提到的EOS Worldwide系統。還有目標與關鍵成果（OKR，objectives and key results），這也是許多大型企業常常使用的系統。

這些營運系統匯集了數百年來針對策略性計畫、設定目標、執行、會議程序所提出的最佳實務，經過完善架構後彙整為統一的系統。只要妥善應用，這些系統就能形成讓公司業務完美整合的凝聚力；同時確保所有員工都按照一致的標準和程序執行公司業務。

清楚明確

要保持清楚明確，第一步就從讓員工清楚明白公司的願景、價值、目標開始。

如果不讓員工真正了解這些核心概念，也不讓他們理解如何融入公司框架，他們就無法完成公司期望的工作成果。

這一步從員工加入公司以前的階段就已是關鍵。我們時常看到寫得不清不楚的工作描述，內容充滿廣泛的職責、語焉不詳的廢話，甚至是根本互相衝突的工作內容，例如：業務與行銷。因此我們反其道而行，我們希望這些人才在應徵的過程中就明確了解，如果他們真的加入我們公司，公司對他們的期待是什麼。我們描述每個職位都會先闡明五項核心職責，這就是該職位的員工最需要達成的目標。我們也會直接對應徵者講清楚，到職後的半年至一年間，我們判斷員工是否勝任的指標和質性成果有哪些。這段時間內，公司不應該用預料之外的評斷標準評估員工表現──因此，員工可以根據當初的工作描述來檢視自己是否符合公司的期待。

我們公司的主管都可以用客觀角度評估員工表現。對主管來說，因為對於員工多少都有點感情，因此很難完全誠實的進行評估，因此我們建立了一套系統，主管必須確實根據公司的核心價值、季度目標、核心職責來評斷員工表現，決定他們是否達到績效。

清楚明確，這點也可以延伸為討論公司組織的透明度。我們公司的管理風格開誠布公，不僅公開所有目標與指標，連財務狀況也是完全公開透明。各位如果希望員工為公司的收益加把勁，就必須讓他們了解對公司整體狀況來說最重要的財務指標。我們一定會訓練新進員工了解業務上的財務指標，向他們解釋利潤、現金流、息稅前利潤（EBIT, Earnings Before Interest & Taxes）及其他關鍵指標的意義，我們也會定期在全公司的電話會議上公開更新這些財務數字。秉持開誠布公的管理模式，所有員工就能隨時知道公司當下的財務狀況。

但要做到這一點並不容易——要把像是收入、利潤這些數字赤裸裸的呈現出來，對許多企業高層來說非常可怕。但是，這麼一來才能長久的把公司體質是否健康、經營考量的優先順序，清楚明確的呈現給員工了解。如果不讓員工了解公司設定各種目標背後的財務考量，又如何讓他們對於自己的工作成果產生責任感呢？更重要的是，保持財務狀況透明可以讓我們大方的把各種困難與機會都分享給整個團隊，一起同心協力的面對，而且他們早已具備做出最佳決策所需的數據和財務敏感度了。

另一個重點是：清楚明確，不僅僅是要把事情解釋清楚，還得持續不懈的確保所有員工都了解所有狀況和規範。一般人都要反覆聽同一件事情好幾次，才能真正理解其中的含意。

我長久以來都低估了重申一件事情的重要性。我以前一直以為，同一件事只要講過一、兩次，別人就能完全理解我的意思。然而七次法則＊就是因為這種誤解而誕生的理論。傳奇企業領導思想家帕特里克·倫西尼（Patrick Lencioni）強烈表示，任何公司的CEO同時也該擔任公司的CRO（Chief Repeating Officer，也就是「重點重申長」）。各企業的領導者都應該不斷重申像願景、價值、目標、指標這些頭等重要的大事，確保整個公司團隊都徹底了解這些事的重要性。七次聽

＊譯注：Rule of Seven，是傑佛瑞·蘭特（Dr. Jeffrey Lant）根據統計數據推導出的概念，指消費者在接觸產品後第七次才會實際購買。

起來似乎很多，但如果你的公司穩定成長，也不斷有新員工加入，這種程度的反覆重申正是確保公司上下一致理解的必要手段。

這一切加總起來，成就了一家公司的全貌——公司的價值所在、行事方式、對公司的未來展望。正因為我們坦然的展現出這些重要特質，員工才能據此決定到底想不想在這家公司長久待下去。同樣重要的是，長遠來看，這樣一來能為公司找到正確的人才，進而招募這些人才，聘雇他們發揮所長，實踐這些核心價值，讓公司業務臻至完美。

第四章　徵才的致勝關鍵

各位決定自家的公司文化後，招募員工就成為建立體質健全、高績效的公司文化的一大重點了。打造公司文化——以及建立公司業務時——大部分會犯的錯誤，都源於聘雇錯誤人選。這種錯誤所帶來的教訓總是痛苦又必須付出高昂代價。

有些人無法理解你所相信的價值、或根本無法為工作成果負責任。如果你聘請錯誤的人選，特別又正好是採取遠距工作的公司，就更難將這些人訓練成適當的員工。訓練員工的確不可或缺，但訓練資源應該投注於幫助有龐大潛力的員工成長和進步，而不是花在幫助那些跟公司文化不合或資質不佳的人提升至平均水準。那些你努力尋找的特質、價值、個性，都不是長大成人以後還可以輕易改變的東西。各位也必須理解，哪些能力可以經過訓練習得，哪些特質則難以與每個人與生俱來的秉性區分——我們得搞清楚天資與技術之間的差別。良好的判斷能力是一種資質，會使用微軟的 Excel 軟體則是技術。

就像前面談到遠距工作的其他層面，成功的關鍵在於要盡可能確保公司的人事主管運用最好的招募方式、面試技巧、決策手段來招募員工。在我們進一步探究招募遠距工作者和遠距面試的細節前，我們得先從說明在任何工作環境下都適用的招募策略開始。

打造人才招募系統

就招募人才來說，公司領導者會犯的最大錯誤，就是仰賴直覺決定某個應徵者是否適合自家公司。要有效領導公司，很重要的一點就是要了解自己的能力限制所在，也要知道如何避免人為疏失。有句名言說：「我們只全然信賴上帝。其他人都得拿數據說話。」（In God we trust. All others must bring data.）

雖然我們接下來要探討如何招募特別能夠在遠距工作環境下發光發熱的人才，

但整體來說，其實最有效率的為虛擬辦公室招募員工的好辦法，就是讓數據說話——然而，目前業界大部分的公司都無法徹底做到這一點。如果公司有嚴格、謹慎的聘雇流程，就能有效的為任何工作環境找到適合的員工。

就招募人才這一塊，影響我最大的人就是ghSMART的執行長，同時也是《人才：招募人才守則》（*Who: The A Method for Hiring*）一書的共同作者傑夫．斯馬特博士。這本書是探討如何在市場上延攬人才的最佳參考書籍。

斯馬特在一九九〇年代取得博士學位，他在克萊蒙研究大學（Claremont Graduate University）的彼得．杜拉克管理學院（Drucker School of Management）師從傳奇管理大師彼得．杜拉克（Peter Drucker）。在杜拉克指導的班級中，斯馬特為世界級的顧問公司打造商業計畫，主要聚焦於招募及發展公司人才，而他自己也在ghSMART實現了這份願景。

他花了超過二十年分析人才招募數據，研究招募策略，並在協助許多公司提升招募方式後，得出了明確的結論：大部分的人資主管其實不知道自己到底在幹嘛。事實上，這些人資主管根本已經運用同一套其實沒什麼用的方式招募人才好幾十年了。

「目前各公司的確有許多獨家的面試問題或方法，但是其中真正能發揮鑑別作用的其實並不多。」斯馬特如此說：「但這並不是那些人的問題。因為我們不管是在高中或大學，甚至讀到研究所，都沒人教過我們怎麼招募員工。」

根據ghSMART的研究，全球人資主管成功招募適當人才的機率只有50%——這項事實實在令人難過，因為這表示，全世界的面試官其實根本可以丟硬幣決定是否錄取應徵者就好，反正結果也不會相差太遠。

現實狀況是，即便是最精明能幹的企業領導者也沒有神奇的徵才技巧，他們無法一望即知誰正好有可以在自家企業文化下發光發熱的特質；誰有執行某些工作的必要技能；誰又有能夠長期跟著企業一起成長的資質。世界上絕對沒有什麼完美的面試問題，可以讓你立刻了解關於應徵者的大小事，特別是現在這個時代，應徵者可以找到各式各樣的資源，協助他們應付傳統的面試問題，進而在面試時回答面試官想聽到的答案。

「大家總是問我『有沒有那種魔法般的面試題目？』或『什麼樣的面試問題才算好？』」斯馬特坦承：「但重點其實不在面試時問了什麼問題。關鍵其實在於整套招募系統都必須完備，不然根本沒辦法產生好的結果。」

就算你從斯馬特和他的團隊身上沒學到任何事，也一定要知道這一點：「招募員工是一門科學，而不是藝術。」與其依賴直覺做決定，你應該建立一套公司所有人資主管都能依循的人才招募系統，盡可能降低人為疏失，應徵者也更能好好發揮實力。若非如此，你可能會犯下某些致命的錯誤，進而錯失適合的人才——甚至是選擇不適合的應徵者加入公司。

斯馬特建議面試官們不要花太多時間問應徵者假設性或抽象的問題，因為假設性問題通常只會得到假設性的回答。然而，可惜的是，目前業界的面試其實充斥這種面試題目。各位面試時一定被要求過列舉自己的優點，你可能也被問過假設成功錄取了之後會如何表現——透過這些問題得到的答案，其實根本無法展現你在應徵的職位上以後會如何表現，也無法確定你是否適合這家公司的文化。

因此斯馬特認為，透過應徵者過去的工作經驗，才能更有效率的問出有關工作成果的訊息，你可以透過這些訊息知道對方從以往的工作經驗學到了什麼，跟上司的關係好不好，甚至可以了解應徵者為何離開上一份工作。通常這些根據過去行為問出的問題——它們才真正奠基於應徵者的實際經驗——可以顯露出應徵者真正的面貌與特質，甚至可以更精準的預測對方未來可能出現的行為模式，也可能徹底改變你對這位應徵者的印象。而且，不僅得好好問問題，也要給對方足夠的時間完整回答，同時也必須持續探詢、深入細節。

斯馬特也建議，可以先讓應徵者描述過去所有的工作經驗，然後進而提出跟過往工作經驗有關的問題，同時要針對細節提出進一步疑問。斯馬特發現，如果你不斷請應徵者深入細節，描述他曾經展現某種特質的事例，就會讓對方有機會選擇性的只分享對自己形象有利的細節。想要越了解一個人在職場上的整體表現，就越要探究他們選擇不那麼快揭露的部分。

斯馬特最喜歡舉的一個例子，來自於他親自面試的一位應徵者。斯馬特深入詢問這位應徵者的工作經驗，問對方為何離開上一份工作，這位男性應徵者回答，是因為跟前公司的執行長在公司策略方向上意見分歧而離職。斯馬特並未立刻全盤接受這個面試常見的官方回答，他繼續追問更多細節，運用面試技巧問對方一些開放式的問題，例如：「後來發生了什麼？」「再多說一點吧。」然後靜待應徵者回答。

回應了幾次斯馬特的追問後，這位應徵者終於坦承他在董事會上出言汙辱前公司的執行長。如果是一位沒那麼有經驗的面試官，可能問到這裡就打住了，但斯馬特繼續追問細節。也因為他堅持問下去，才問出原來那位執行長在董事會結束後，就直接在辦公室裡開除了他——大部分的人問到這裡就會接受這個答案，繼續問下一個問題了，但斯馬特又多問了一句：「接下來呢？」於是他因此發現，這位應徵者當時竟然搧了執行長一巴掌而被終止雇用，也因此被沒收了高達三百萬美元的公司股票。這起事件後來被稱為「一巴掌三百萬事件」，廣為人知。

這位應徵者顯然跟他的執行長的確是意見不合，不合到都動手了。

試想，如果你單純因為某個應徵者針對假設性問題的假設性回答合你胃口，從而聘雇這位員工，結果卻發現他曾在董事會上汙辱自己的老闆，甚至還訴諸暴力，這該有多可怕啊！

如果斯馬特只是問這位應徵者覺得自己最像哪一種動物，或是覺得自己五年以後會是什麼樣子，甚至將對方一開始的答案直接照單全收，不繼續追問下去，他根本不會知道這麼多真相。

這種追問細節的方式也可以用來詢問應徵者是否有遠距工作的經驗：如果有，那過去的遠距工作經驗如何？假設應徵者告訴你，他很喜歡遠距工作，也千萬不要馬上對這個答案買單——應該問對方為什麼喜歡在家工作、怎麼維持自己的工作產出、運用遠距工作帶來的彈性做了哪些事。

企業實在太常招募到不適合的員工，但遠距工作的組織犯這種錯誤傷害會更大，因為遠距工作需要員工自動自發，也比較沒有主管監督。如果聘請根本沒有足夠能力應付工作的員工，未來要在無法頻繁面對面監督與指導的情況下提升對方的能力，使對方進步到可以勝任工作，勢必非常困難。我們公司有一條不可動搖的原則，就是我們絕對不會只為了讓某個人達到普通水準而浪費訓練資源。

新員工到職後前幾天、前幾個月，我們無法在實體辦公室觀察他們的實際行為，很難發現他們是否難以融入公司文化。你看不到他們翻白眼、聽不到他們不恰當的跟其他人大小聲，也無法親眼目睹他們在茶水間對其他人不禮貌。你可能根本無法察覺他們沒辦法跟團隊互相激勵，也無法在他們連續幾季表現未達標之前就知道他們根本無法對工作負責。對公司更會造成嚴重傷害的是，你可能要直到這些不適任員工跟其他同事翻臉、破壞客戶關係、造成龐大的損失後，才意識到自己無法信任他們。

要避免陷入這種困境，最佳方式就是透過斯馬特提出的人才招募系統，降低產生偏見的可能性及發生人為錯誤的機率。你可以運用斯馬特提出的架構，再依循招募遠距工作者的條件調整細節，並且運用這套系統探索你希望員工具備的核心價值。

接下來，讓我們一起深入了解實際執行層面的細節。

如果憑直覺反應行事，我們很容易就會聘雇跟自己相像的員工，這些人不管是優點或缺點都會與我們高度相似。但這可不是打造高績效工作團隊的好辦法；我們應該要反其道而行，因為最優秀的工作團隊應該是由一群擁有相似價值觀，但在技術層面與人格特質都能相輔相成的成員組成。

我們通常也會偏好那些相處起來很開心，但其實無法勝任該職位的應徵者。我後來發現，如果要相信直覺，其實應該是要在決定**不**聘雇某人這件事上仰賴直覺；特別是如果發生某些事的當下就讓你覺得不能選擇某個應徵者時，請務必相信自己的直覺。但無論如何，除非你有相應的佐證，否則單憑直覺就決定雇用某個員工，絕對不是個好主意。

通常在公司職位越高的主管，聘請員工時越難以保持科學嚴謹的原則。大多數公司領導者，特別是那些位居執行長高位的管理者，通常心裡都有偏好的獨家面試題目，例如：「你覺得哪種動物最能代表自己？」或是「展望五年以後，你覺得那時的自己是什麼樣子？」問題是這些面試題目根本沒有統計學上的意義；你可能會以為自己成功任用了幾位當初回答自己最像「獅子」的優秀員工，但根本不知道其實也錯失了某些回答不同答案、卻有優秀潛力的應徵者，只因為這種面試問題根本沒有對照組可以比較答案。

同樣的，應徵者可能對於五年後的展望回答出色，但搞不好他們十年來每次面試都是相同的答案，實際在工作表現上卻沒有任何進步。憑直覺聘雇員工的確偶爾能夠成功招募到好員工——每間公司的主管或領導者或許都經歷過幾次這種靠跳脫傳統的面試題目招到傑出員工的故事。然而，平均下來，其實用這種模式招募員工會為公司帶來許多錯誤決策。這就跟賭博一樣，你通常只會聽到贏家的故事四處流傳，卻不會知道關於輸家的事情。

想要聘請適合的人選，首先就該搞清楚職缺本身需要什麼樣的技術和特質，對應徵者闡明公司針對這個職位的展望、期待哪種工作表現。要把這些事講清楚，就需要完整的工作描述；如果應徵者根本還沒完全明瞭公司對該職位的期許，就接受這份工作，他們到職後的頭幾個月——甚至頭幾年——都必須歷經反覆的嘗試與失敗。

反之，如果清楚界定了職位的工作職責，這些條件對新到職的員工來說就會像成績單一樣，成為評估他們未來工作成果的憑藉。因此到了需要評估新員工的進步程度時，就不會有任何意料之外的發展。如果你能徹底清楚表明對新員工的期許，就可以盡早判定這些新員工是否適任，不必浪費好幾年的時間觀察他們到底會不會進步。

就如同我前文所述，我們盡可能試著透過建立標準程序，消除人為疏失與產生偏見的可能性。讓每位應徵者接受以公司價值為基礎的面試題目和能力傾向測試，我們也能藉此建立客觀的徵才標準。為了進一步使這些招募程序更標準化，我們運用了一套名為 Greenhouse 的雲端應徵追蹤系統；市面上還有許多其他類似的系統可供各位選擇。

我們建立了應徵追蹤系統，讓面試官逐一在每項面試題目為應徵者打分數，並藉此產生該應徵者的成績單，招募團隊的所有成員都可以閱覽這分成績單，了解應徵者的表現。一般的招募過程中可能會充滿個人無意識的偏見，這套系統能讓面試官比較自己與其他人的評分結果，藉此做出最完備、客觀的決策。面試官也必須遵從特定指示，從一～十分按應徵者回答的優劣評分，這份指示也會列舉各項面試題目的範例回答，提醒面試官該注意哪些應徵者可能展現或隱瞞的細節。

即便各位沒有投資這種系統的決策權，光是試著建立某些標準程序來評估、比較應徵者的優劣，對公司也大有益處。甚至只是做一份表格列出工作描述中的所有項目，讓面試官逐項為應徵者打分數，都能夠使招募程序更加標準化。

接著，就是讓整個招募團隊一起做最後決策，由所有決策成員將面試過程中打的分數，與職缺的工作描述與招募標準相互比較。在最終決策階段還有另一項關鍵，就是請不要抱持任何偏見，並且引進不急於為團隊招聘新人的第三方人士加入決策過程（這在矽谷已成了慣例）。這些第三方人士要站在公司的角度檢視應徵者，並提供可以平衡觀點的意見，因為他們站在相對客觀的立場，可以指出招聘團隊的盲點，也能夠點出有哪些與應徵者相關的資訊遭到忽略。

到了要做決定是否聘用應徵者的最後一步，就由徵才一事的負責人詢問整個招募團隊，該應徵者是否優於其餘90％的應徵者，是否能提升團隊的整體工作表現，是否有人願意為招募這名應徵者做擔保。招募團隊必須確認達成以上三項條件，才能正式聘用該名應徵者。

有些公司會單純因為在整個招募過程中，都沒人提出強烈反對而錄取應徵者；但我們公司嘗試打造一套全新系統，必須有人強烈支持並願意為該次招募負責，我們才會正式錄取應徵者。

如何執行遠距面試

疫情期間，許多公司被迫要快速學會如何透過視訊面試應徵者。如果你以前從未嘗試過遠距面試，現在要你立刻透過視訊了解應徵者，並且視他們為公司成員的潛在人選，可能相當困難。

然而，斯馬特認為遠距其實根本不是招募優秀員工的阻礙。有些公司會刻意避免面試過程過於冗長——包括那種在公司外面、餐廳或高爾夫球場進行的面試。斯馬特認為，這種現象會促使面試主管更仰賴像本能或直覺這種不可靠的標準，其實才是阻礙招募優秀人才的問題所在。透過視訊招募員工的公司，反而應該藉著疫情必須遠距面試的機會，嘗試我們上文所談的招募系統。

「你一定要有很出色的面試技巧。」斯馬特說：「務必聚焦在以事實為基礎的面試題目上，圍繞著應徵者過去的工作經驗問問題，面試官也必須好好蒐集資料。」

在遠距面試的過程中，各位務必銘記在心，畫面中無法看見對方所有的肢體語言。以往實體面試時，我們可以比較容易判斷某個問題是否讓應徵者動搖，或是對方是否隱瞞關於以往工作經驗的部分事實。因此，在進行遠距面試時，面試官更該細心注意應徵者回答的內容，判斷何時該進一步追問更多細節。

雖然透過視訊面試的確有其缺點，但同時也為遠距工作企業的招聘過程帶來某些優勢。某種程度上來說，遠距面試可以讓你直接看出應徵者在遠距工作環境的表現。如果對方透過視訊溝通時展現出不自在或沒有效率的樣子，他們或許以後很難在採遠距溝通模式的職位上發光發熱。

遠距面試也可以讓你看出應徵者打造遠距辦公空間的用心程度。我們在第一章提過，就算在家工作，也請務必建立專門的工作空間。因此透過應徵者在視訊面試呈現的形象，可以看出對方正式加入你的工作團隊後，會花費多少心思在建立遠距工作的專業形象。如果對方面試時的背景人聲吵雜，使用的是糟糕的耳機或麥克風，或者視訊背景雜亂無章，就可以讓你看出端倪——對方未來加入了你的工作團隊，或許也會繼續呈現這樣的工作形象。

虛擬辦公室的徵才祕訣

許多人懷疑，像我們公司這種遠距工作組織，真的能找到在家工作也依然保持良好表現、並且負責任的工作團隊嗎？這些人通常也會誤以為，自家員工輕輕鬆鬆就能做出同樣程度的調整，以適應在家工作。

事實上，招募遠距工作的員工必須依循特定方法，必須知道如何辨認出適合的人選，進而招募人格特質特別適合在家工作的應徵者。其中的關鍵在於，最高效的遠距工作公司會謹慎評估應徵者的特質，判斷他們是否能在遠距工作時依然保持良好的工作表現和身心健康。

過去有在家工作經驗的應徵者，很有機會成功適應長期遠距工作的模式。我們面試時的確遇過有在家工作經驗的應徵者——不管是全職在家工作，還是一週在家工作一、兩天——也發現他們的確很享受這種模式。然而，在招募人才時，你一定也會請到許多從來沒有在傳統實體辦公室以外工作過的員工，因此你必須辨別這些應徵者身上是否有以往工作經驗未展現出來、但的確符合前文概述的各種人格特質和能力，足以擔負遠距工作的職務。

因此以下為各位讀者列舉面試遠距工作者的題目，並區分為有遠距工作經驗及無遠距工作經驗的兩大類應徵者。

給具備遠距工作經驗應徵者的行為層面提問

↓ 遠距工作的彈性為你的生活帶來哪些改變？

↓ 你是否曾因為無法實際與工作團隊面對面合作而遭遇困境？你如何應對？

↓ 剛開始遠距工作時，你最懷念在實體辦公室的哪些事？

↓ 請舉例說明你如何在無法與同事實際見面的情況下依然有效溝通？

↓ 你如何避免因為在家工作而覺得與世隔絕或感到疏離？

↓ 綜觀以往在家工作的經驗，你最不喜歡哪一點？

給無遠距工作經驗應徵者的行為層面提問

- ↓ 你是否有短時間遠距工作的經驗？不管是在家裡或在旅行途中都算數。
- ↓ 對你來說，在實體辦公室工作最寶貴的是哪些特點？最令你感到挫折的又是什麼？
- ↓ 你在工作以外的生活，是否因為現在的工作時程而無法從事某些活動？
- ↓ 你認為透過遠距工作，能如何改變你目前的生活模式或工作習慣？

請公司員工一起集思廣益，有效率的辨別出如果想在自家公司採行遠距工作模式，並且要於公於私都表現出色，這種人必須具備哪些特質。我們就找了第一次遠距工作、卻發現自己比預期喜歡這種工作模式的員工聊聊；也謹慎分析以往新進遠距員工因為適應不良，最終導致離職的案例，藉此觀察形成這兩種結果的關鍵原因。

當判斷可能錄取的應徵者究竟是否適合自家公司時，有兩個問題特別需要審慎評估：第一、應徵者是否具備在虛擬辦公室工作必備的人格特質？第二、他們是否樂於長期在家工作，並且能夠為此感到充實？

第一個問題與應徵者與生俱來的特質、工作態度有關；第二個問題則是基於應徵者對工作環境的偏好。這兩項因素都會影響應徵者是否能在遠距工作型態下善盡職責，並且與同事合作愉快。招募遠距工作人才時，務必用以下條件來檢視對方是否適合。

遠距工作者必備的工作態度

↓ **自動自發**：能夠在無人監督的狀態下持續好好工作。

↓ **自立自強**：有能力主動釐清問題、解決困境。

↓ **善盡溝通職責**：比起在實體辦公室，在虛擬環境下溝通需要更加小心、更努力確保訊息傳達清楚。能夠用不同方式與他人清楚溝通也善於傾聽的人才大大加分。

↓

自信：不需要頻繁的在工作成果及決策上獲得肯定，也能持續努力工作。因為遠距工作者無法像在辦公室一樣，時常請上司確認工作表現，因此遠距工作者必須有自信在無人監督的情況下完成日常工作。

↓

值得信賴：能夠達到公司預期的工作成果，為自己的工作負責，並且願意在成果不盡滿意的情況下承擔責任。

斯馬特同意以上清單中的多數特質。他在ghSMART的工作團隊就完全採取遠距工作模式，所以他不僅經手自家遠距工作團隊大部分的人才招募，也協助公司客戶進行同樣的招募程序。斯馬特發現，能夠自立自強、妥善規劃時間，不需要持續提醒、追蹤就能完成工作的遠距工作者最有機會成功。

「你要找那種積極主動、獨立自主的人才。」斯馬特如此表示。「如果他們曾經遠距工作過，一定要問他們『你以前的表現如何？當時你的目標是什麼？你達到了哪些目標？當初是如何達成目標的？聊聊和你共事的同事吧。』不管再平凡無奇的事都要問清楚。問他們有關在遠距工作環境上班的各種問題，然後好好傾聽他們的回答。」

除了這些最重要的特質以外，各位一定要記得，不是每個人都適合在家工作，也不是所有人都能適應遠距工作所需的調整。你甚至可能會遇到遠距工作時表現良好、有效率，卻依然不喜歡這種工作模式的人，這種人也無法長久待在你們的虛擬辦公室裡。

在遠距工作模式適應良好的員工身上，我們發現一項共通特質：他們都很重視工作的彈性。這些人的人生中有其他重要的事——無論是要照顧小孩、身為運動員、或是熱愛旅遊的旅行家，正是這些事情讓他們樂於脫離辦公室朝九晚五的制式生活型態。對這些人來說，能夠按自己的需求建構工作與生活結合的模式正是首要考量，他們為了獲得這種自主性，因此樂於放棄在實體辦公室工作的傳統生活型態。你問這些人為什麼想要爭取遠距工作機會，工作彈性一定是他們考量的前五項首要原因。對於偏好坐辦公室工作的工作者來說，工作彈性通常不是他們重視的前五大考量因素。

應徵者如果對工作環境有以下偏好，應會樂於接受遠距工作

↓ 喜歡有自主性的工作，並且能夠建立適合自己的工作計畫和工作流程。

↓ 重視工作彈性，希望能夠在世界各地旅遊同時兼顧工作。

↓ 需要彈性工時方便接送小孩的上班族家長，因此希望避免通勤；或想要擁有能花更多時間與家人相處的工作型態。

↓ 身為運動員／表演者，因此有既定的練習規畫或必須參加比賽。

↓ 享受在沒有人打擾、不必分心的情況下潛心工作。

↓ 在工作以外已建立完整的社交生活，因此不需要透過工作進行人際交流。

對於寧可在辦公室工作，也並不重視工作彈性的工作者來說，他們在遠距工作公司成功的機會相對就小得多。我們在這個過程中也學到，在徵才時就要積極辨別出那種社交花蝴蝶類型的人——這種人極度外向，而且得待在有其他人的環境才能夠保持一整天的活力，渴望擁有這種高頻率人際互動的員工，長期獨處對他們來說一定會很痛苦。

但這絕對不表示我們公司全都由內向的員工組成——這跟現實情況差得可遠了。雖然大部分的人對於遠距工作都適應良好，但社交花蝴蝶在遠距工作環境下會很辛苦，因為他們失去了本身在工作與生活中最渴望的感受：頻繁的社交互動。所有參與徵才流程的公司成員都必須謹記這一點：不是所有人都可以輕鬆適應並且樂於在家工作。

如果你的公司清楚界定了核心價值，無論應徵者本身到底喜不喜歡這些價值，你都務必評估他們身上是否真的存在這些價值。核心價值就如同基因一樣，對於一個人在某家公司的文化下是否能成功，有著關鍵影響力。舉例來說，我們的核心價值是**負責任、卓越與進步**以及**珍惜所有關係**，這就是加速夥伴企業文化的最大原則、行事法則、工作程序，我們的核心價值也與遠距工作必須具備的特質息息相關，特別是**負責任**這一點。在無法直接與人面對面共事的情況下，你必須確保員工有能力獨立作業，同時帶領公司一步一步往目標邁進，工作時還必須不忘公司的核心價值。長久下來，我們也終於歸納出到底哪些特質的人最有可能在虛擬辦公室如魚得水。

傑夫．斯馬特也支持這種按照公司文化招募員工的策略，他說：「務必把自家公司文化的獨特之處納入招募新員工的計分條件，就是那些自家公司常拿出來講的特點——『雖然其他公司都○○○，但我們要追求×××。』我們得把這些條件都納入考量，確保錄取的新員工符合公司文化。畢竟，招募到不適任的員工，多半問題是出在公司文化而不是技術層面的缺失。」

我們公司遇到的真實情況是，專案經理的職缺雖然占招募員工數量的90%，但每一次開放職缺，我們其實只會正式聘用其中1~2%的應徵者。我們的公司文化及工作風格並不適合所有人，所以我們耗費心力建立人才招募系統，就是為了找出那1~2%可以在公司發光發熱的人才。我們花了將近十年的時間，才順利走到這一步。

這也是為什麼各位一定要好好花時間、誠實評估自家公司文化，並且在必要時做出調整。如果你的公司價值與目標都清楚明確，就更容易釐清即便沒有太多監督，在特定環境下哪些員工也可以有出色表現。管理遠距工作團隊與管理實體辦公室裡的員工最大差異在於，在遠距工作環境下，要碰運氣承擔的風險實在太大，很可能造成無可挽回的後果。搞清楚你的工作團隊到底需要怎麼樣的人才，就能在人力資源管理上做出更聰明的決策，同時打造出更堅實的工作團隊——甚至是在遠距工作模式下也能出類拔萃。

第五章　工欲善其事

許多企業的人力雖然分散在世界各地，卻依然擁有出色的業績。這些企業通常都有相似的特質：敏銳的商業嗅覺、具備創業精神，同時也願意開放心胸接納遠距工作模式，視其為省時、有效的拓展人力資源且節省間接成本的經營方針。

另一方面，許多大型企業長久以來建立了實體辦公室的公司文化，他們的領導團隊或許就是最懷疑遠距工作是否真的有用的那群人。他們認為遠距工作模式不可能適用於規模那麼大、員工數那麼多的龐大企業，也無法應用在他們的工作程序裡。

瓦爾．迪那加拉瓦（Vel Dhinagaravel）以前也這麼認為，但 Covid-19 迫使他的全體員工都遠距工作後，卻徹底改變了原本的成見。

迪那加拉瓦是 Beroe Inc. 的創辦人兼執行長，公司有五百位分別位於美國與印度的員工。二〇一五年到二〇二〇年初，全公司只有二十五位員工遠距工作；但在二〇二〇年三月疫情重創全球後，Beroe 決定讓全公司五百位員工通通在家工作。

如同當時許多企業領導者一樣，迪那加拉瓦起初也很擔心 Beroe 的型態不適合遠距工作。他很擔憂沒有辦公室把大家聚在一起，會導致員工間的溝通出現斷層，甚至造成員工表現不佳。

儘管是因為疫情突然轉換為遠距型態，但出乎迪那加拉瓦的意料，Beroe 的工作績效、員工留任的意願、忠誠度卻都在遠距工作後增加了。員工能夠完成更多工作、有效溝通，最重要的是，他們能夠提升工作與生活相互結合的品質。

迪那加拉瓦和公司主管會主動積極關心員工、與他們溝通，例如：與工作團隊每天舉行視訊會議、隔週與下屬一對一視訊談話。他們的人力資源團隊也維持每兩週打一次電話關心每位員工的習慣，確保每位員工都知道有公司當他們的後盾，藉此產生歸屬感。Beroe 同時也為員工購置許多數位產品，便於員工與同事和上司溝通。

因為親眼見證遠距工作展現出的絕佳效果，迪那加拉瓦現在預估 Beroe 未來有30～40％的員工將會永久繼續在家工作。他的公司正是最好的實例，證明公司領導者對於將企業轉換為遠距工作模式的擔憂，通常都可以藉由通盤策畫、積極改變溝通程序、管理技巧和科技裝置來妥善處理，或至少降低衝擊。

企業在管理遠距工作的員工時，讓員工自己摸索如何適應是最糟糕的作法，特別是如果你的員工根本沒遠距工作過，這麼做更是大錯特錯。一定要讓員工知道哪些作法是最佳實務——請參照我們在第二章詳細解說的內容。不過如果只做到這一點，也難保公司在遠距工作時也能有頂尖表現。

本章我們將接著探討能夠讓員工無痛轉換為遠距工作模式，使各種規模的企業都能擁有亮眼成績的系統、方法、工具、技術。

完整的入職程序

我二十二歲時開始人生的第一份工作，當時的感受應該會令許多員工有共鳴。不管是公司人力資源部門的同事、還是我老闆，都搞不清楚那天是我到職的日子，所以在我抵達辦公室時，上班要使用的電腦根本還沒準備好，他們只吩咐我一聲：「跟著溫妮芙（Winnifer）做就對了。」

其實後來我跟溫妮芙變成了好朋友，但這段友誼是那次到職經驗裡唯一正面的事情。現實是：許多公司會用這種到職程序應付了事，因為他們是在實體辦公室上班，所以可以隨便叫新進員工跟著某個人做就好。這種到職方式根本不該在任何一家公司內出現，而且對於遠距工作組織來說，用這麼鬆散的方式讓新員工到職只會造成慘不忍睹的後果。

所有新進員工都需要——而且也應該要——在新職務上有個好的開始。公司應該要為他們準備好工作所需的工具、訓練課程、科技產品，利於他們大展身手，並且讓他們知道在需要求助時知道該找誰幫忙。

遠距工作公司在新進員工到職這件事上有著先天不利的條件，因此更應該小心謹慎的處理。不過，我們公司倒是把這種劣勢轉為優勢。我們設計了所有大型組織、遠距工作或其他組織都會欽羨的到職流程。

下面讓各位一窺端倪：新進員工加入加速夥伴後，我們會給他們一份完整的到職日程表。顧名思義，這份日程表上列出到職後幾週每天必須參加的會議、見習的對象，上面也會標明全公司會議的時間和其他細節。除了這份到職日程表以外，全公司上下、位於世界各地的工作團隊成員都會主動聯繫新進員工，向他們表示樂意協助和歡迎之意。

第一天	
9:00～10:00	與人力資源部門同仁處理到職手續

10:00 ∽ 11:00	與主管通話
11:00 ∽ 12:00	了解到職訓練程序
12:00 ∽ 13:00	午餐
13:00 ∽ 17:00	複習學習管理系統（Learning management system、LMS）課程（完成預定課程）

第二天	
9:00 ∽ 10:00	與主管通話
10:00 ∽ 11:00	認識大家
11:00 ∽ 12:00	了解員工守則
12:00 ∽ 13:00	午餐
13:00 ∽ 14:00	全公司會議
14:00 ∽ 17:00	複習學習管理系統課程（完成預定課程）

第三天	
9:00～10:00	與主管通話
10:00～11:00	設定電子設備
11:00～12:00	教育訓練視訊課程
12:00～13:00	午餐
13:00～14:00	認識公司財務
14:00～15:00	認識公司文化
15:00～17:00	複習學習管理系統課程（完成預定課程）

第四天	
9:00～10:00	與主管通話
10:00～11:00	教育訓練視訊課程 A

11:00～12:00	教育訓練視訊課程 B
12:00～13:00	午餐
13:00～14:00	認識公司法規
14:00～15:00	每週小組會議
15:00～16:00	認識公司科技
16:00～17:00	複習學習管理系統課程（完成預定課程）

採取遠距工作的組織，絕對不能在到職程序上碰運氣。如果是有實體辦公室的公司，員工或許還可以透過請同事協助，或觀察其他人的作法來學習；但在遠距工作的環境下，員工很可能會因為孤立無援，只好傻坐在電腦前面，根本不知道該做什麼、怎麼開始才好。不管這些員工有多麼積極上進，讓新進員工在到職時碰運氣絕對不是好辦法，也無法讓他們在新工作上有好的開始。

最頂尖的遠距工作組織都非常重視到職程序，並且精心制定詳細的訓練計畫，因為剛到職的這段時間，正是決定員工在公司無論長期或短期是否都能成功的關鍵時刻。如果不先準備好新進員工的教育訓練，不管招募多少遠距員工都將注定失敗。

會議的參加與否

各位可以從業界或管理策略的前鋒身上學到許多經驗。在遠距工作的領域裡，最具代表性的就是開發知名專案管理工具——Basecamp的創辦人兼執行長傑森·佛里德（Jason Fried）。Basecamp的主要業務是販售協作工具軟體，讓使用者可以互相分享工作清單，軟體內有詳盡的專案計畫模板、儲存檔案、編輯共享文件和聊天等功能。這家公司有五十七位員工，負責服務全球超過十二萬家企業、上百萬名使用者。

佛里德領導的這個遠距工作團隊已有二十年歷史，這家公司雖然身處時不時會有劇烈震盪的科技業，但他們自草創以來一直持續獲益。佛里德和他的事業夥伴大衛．海尼梅爾．漢森（David Heinemeier Hansson）也一起寫了幾本有關全新工作領域類型的書籍，其中包括《遠距工作：不在辦公室，也能辦公事》（*Remote: Office Not Required*）。

眾所周知，科技公司通常工時都很長，他們也喜歡把辦公室設計成開放空間，而且上班時間需要一直與同事溝通工作內容，但Basecamp下定決心採取不一樣的方式——於是它們成為全世界首家採用遠距工作模式的科技公司。時至今日，他們橫跨全球的工作團隊成員都按個人選擇在世界各地工作，公司規定他們每週工時不可以超過四十小時，夏季每週還只需要工作四天。

佛里德和他的工作團隊與其他業界競爭者相比，工作起來可以說是事半功倍；其中的致勝關鍵就是遠距工作模式。據佛里德表示，遠距工作讓員工更容易進入那種他稱為「工作快速眼動期*」的狀態。佛里德用這個他提出的非科學術語做了個合理的比喻。

「通常一個人如果睡得很好，應該是在晚上九點左右入睡，然後隔天早上七、八點起床，然後這個人起床時會說『哇，我好好睡了一整晚呢，太棒了！』」佛里德繼續說明：「這就是良好工作狀態應該有的樣子。你應該要能夠開開心心的說『我好好的工作了一天呢，一整天都沒人打擾我，我也沒為其他事情分心。整整八個小時我都確實專注於工作呢！』」

的確，如果能夠長時間不受打擾的專注處理手上的專案或工作項目，更容易有高效的工作成果。一整天八個小時下來，你可以有二～三個不受打擾的工作時段，當中穿插事先計劃好的休息時間，這樣的工作規畫比起你在辦公室裡好不容易開始

* 譯注：快速眼動期（REM work）是動物睡眠周期中的一個階段，在此階段，動物的眼球會快速移動，全身肌肉也會放鬆，腦部活動會很活躍，大腦神經元的活動與清醒時相同。

專注，卻一直被其他人事物打擾，理應更有效率。

聲名卓越的經濟學家維佛雷多．帕拉托（Vilfredo Pareto）研究發現，人類80％的成就是來自於20％的行動。舉例來說，我們有80％的業績來自於其中20％的客戶。帕拉托提出這項原則——被稱之為80/20法則（80/20 rule）——表示大家其實可以靠著短時間不受打擾、專心工作的時段完成大部分工作。因此我們務必了解在一定時間內不受干擾、專心工作的重要性，並且也可以了解，我們到底因為受打擾而失去多少工作成效。

「假設你正在專心一致的處理手上工作，卻有人跑來找你討論事情，這就打斷了你專注的時間。」佛里德如此表示。「接著你又回頭工作，卻無法直接進入剛剛的狀態。你得花時間慢慢找回原本的那種專注程度。」

任何在辦公室裡工作過的人都能感同身受，要在那種複雜的環境裡全神貫注有多困難。研究證明，如今人類一次能夠專注的時間已經變得比金魚還要短暫，在辦公室工作更加劇這種狀況。

不管是同事跑到你的位置問問題、辦公室裡的背景噪音，甚至是眼角餘光看到有人經過——現在的實體辦公室實在有太多讓人分心的事情了。

遠距工作模式能與Basecamp完美契合的其中一個原因，其實就在於佛里德希望他的工作團隊能夠有長時間不受打擾、專心投入的工作環境。也因此他有一項獨一無二的管理策略：他不讓員工直接共享彼此的工作行事曆，好安排開會時間。佛里德與傳統作法背道而馳，他反倒希望自家員工無法輕易的安排開會。

「大部分公司都會採用共享行事曆，讓所有人都可以看到彼此的時間規畫。如果你想在別人的行事曆裡安排行程，只要動動指頭在格子裡填上顏色、送出邀請就可以了。」佛里德說：「這樣大家不費吹灰之力就可以占據彼此的工作時間，就會造成問題。」

即便只是安排會議，都會減損員工的生產力。如果你一整天了花六個小時開會，就只剩下兩小時可以專心處理手頭的工作。因此你在開始處理工作時，可能就會有點焦慮，發現自己一整天幾乎都拿來開會了。這時員工很可能就會開始擔心無法按時完成分內工作。

員工可能也會覺得，雖然手上工作已經很多了，但拒絕會議邀請感覺好像有點不禮貌。大部分的員工都希望可以扮演好在團隊合作中應該扮演的角色，讓同事覺得自己是可以一起合作、集思廣益的好戰友。遠距工作的員工可能會更明顯感受到這種壓力：如果為了保留讓自己專心工作的時間，一直避免參與會議，可能會被其他同事貼上冷漠的標籤，並被質疑到底把工作時間花去哪了，或甚至陷入被同事遺忘的悲慘命運。因此佛里德指出，員工的行事曆如果能夠擺脫行程滿檔的各種會議，就更容易規劃出能專心處理手頭工作的時間。

身為公司領導者，想要建立有效率的工作文化，就務必發展出一套能夠在這兩者之間取得平衡的開會策略和節奏。幫助員工互相合作、連結，同時也能讓他們有高品質、不受打擾的時間處理工作。

想要融入工作團隊同時保有生產力並不困難，只要在安排行事曆時貫徹自己的原則，保留一部分時間專心工作不被打擾，再挪出一部分時間與同事互動，就可以辦得到。公司領導者應該鼓勵員工保留一些時段給自己，專心處理工作項目，並且提醒大家應該要給彼此一些不受打擾的工作時間。

一直在工作上引領我前進的精神導師是華倫．魯斯坦（Warren Rustand），在他戰功彪炳的職涯中曾擔任過七家公司的董事長或執行長；他有一套很明確的原則，妥善安排跟公司其他員工互動的時段，也保留專心工作的時間給自己。他事先跟工作團隊聲明：「我的辦公室大門會為大家敞開，但不是隨時。」他會定時向員工確認工作狀況，也會事先在工作日程上安排開放員工和他談話的時段。魯斯坦接著進一步鼓勵工作團隊把不那麼緊急的事情統整為一個清單，到了表定的討論時間再拿著清單去找他。

延後與員工討論的時間有個好處，魯斯坦發現採取這項作法後，他的員工可以在實際找他討論之前自行解決清單上的大多數問題。因此這是一套完美結合分配工作以及賦權給員工的時間管理方式。

各位也務必記住，我們在面對面開會時熟悉、習慣的模式，搬到虛擬辦公室後不一定適用。雖然視訊會議可以高度模擬在實體辦公室開會的狀態，但在虛擬世界開會的形式，的確更難使所有與會者都保持專注與高度參與。幸好像我們這種員工分散在世界各地的公司後來都意識到，其實許多面對面開會的場合都並非必要，甚至還比遠距工作模式來得更沒效率。

在實體辦公室裡，開會似乎理所當然——同事可以輕而易舉的在你位置旁邊待個十五分鐘問問題，取代花費一個小時來回傳送電子郵件。轉換為遠距工作型態正是個絕佳機會，可以好好檢視自家公司舉行會議的策略是否適當。

長久下來，許多遠距工作組織發現他們比有實體辦公室的組織更少開會。在遠距工作模式下較難安排會議時間，也難以判斷是否因為會議打擾到同事的工作流程。只要給遠距工作團隊足夠的時間摸索，他們通常就能找出不需時常開會也能順暢合作的工作模式。

然而，那些因疫情必須立刻轉為遠距工作的組織，作法卻常與這種現象背道而馳；他們比以前在實體辦公室時更頻繁的通群組電話視訊與開會。根據微軟的研究指出，在家工作時，員工撥打電話的次數比以往多出55%，正好與他們的壓力指數呈正比。

如果缺乏正確的引導，在家工作的員工可能必須開更多的會。這也就是為何遠距工作團隊領導者務必主動出擊，制定哪些會議必須開、哪些會議非必要的規範。

這種轉換可以用搬家來比喻。你在搬家的過程中一定會考慮丟掉或是不再需要某些東西，甚至丟棄家具。同理，從實體辦公室轉換成虛擬辦公室，也正是公司評估哪些會議必須開、哪些會議只是在浪費時間心力的大好機會。

如果你需要召集大家一起動腦想法子，或是需要公司核心成員聚集起來討論重要事項，這才值得開會。但實在有太多人只為了分享資訊就把大家找來開會，但這些事其實只要一封電子郵件或拍個影片就可以順利傳達。

如果想要評估你開的會到底是否必要，可以在每次會議結束後誠實的為剛剛的會議評分。我們可以師法EOS，他們把重要的會議稱為「十級會議」(Level 10 Meetings)——意即在每次會議結束後，所有會議參加者都要用一～十分為剛剛的會議評分。如果會議的平均分數沒有持續保持在九～十分之間，表示這場會議對公司來說沒有加分作用，因此要不想辦法改進，不然就直接取消。

另一個很有效的方式，就是按會議長度及獲邀參加會議的員工人數，為每一場會議估算出實際價值，然後在發送會議邀請的同時附上這場會議的成本價格。這種作法可以提醒大家開會所需付出的時間成本，更可以因此減少參加會議的人數。

除了減少開會的次數以外，我們也強烈建議各位調整會議的形式與長度，藉此讓每場會議都達到最佳效果。遠距會議盡可能越短越好，而且一定要避免會議上都是同一個人連續發言——不然這種場合實在稱不上是開會，而是在唱獨角戲。而且在這種情況下，很難阻止員工直接把耳朵關上。

公司裡最會浪費時間的，就是那種「狀態回報會議」，這種會議在遠距工作環境下更加沒有效率。狀態回報會議就是由單一或少數幾位公司成員對大家宣讀一大堆資料，這些內容通常就只是看著筆記或簡報照本宣科，然而這些資料根本可以事先用電子郵件或書面形式讓所有與會成員閱覽就好。在這種會議上不太有互相討論或互動的機會，因此時常讓參加者覺得根本是在浪費寶貴的時間。

我自己遇過唯一真正有用的狀態回報會議，是那種聚集全公司成員的會議。這種場合讓員工有機會聽聽所屬團隊或部門以外發生了什麼事，也可以拉近工作團隊與公司領導層的距離。因為這些狀態回報對於整個工作團隊來說，都有仔細聆聽的價值，而且要跟整個公司的成員舉行研討型會議也很困難，在這種情況下，按適當頻率舉辦狀態回報會議就有正面意義。

但是對於整個工作團隊都參與、屬於部門層級的會議來說，狀態回報會議就不是成員互相分享資訊的最佳方式。就算需要分享的資訊相當重要，在這種會議上通常會讓資訊內容顯得枯燥乏味，參加成員也很難專心，因此違背了當初召開這場會議讓大家知曉新資訊的目的。想要讓你的團隊接收訊息、讓大家認知一致，有更好的辦法。

其中一種方式就是建立備忘錄。這種作法最近因為亞馬遜（Amazon）的執行長傑夫·貝佐斯（Jeff Bezos）而紅起來。貝佐斯不喜歡開會時以電腦簡報為主，或是單一成員自顧自宣讀資料的會議形式。在亞馬遜，貝佐斯要求工作團隊成員在召開會議前必須先以書面形式寫好會議備忘錄，準備好會議的背景資訊、與討論內容有關的資料。接著，將這份備忘錄在會議開始之前傳送給所有參與者，所有人都必須仔細閱讀、作筆記、準備討論的問題。完成這一切準備後才會正式開會——這時所有與會者都已經是準備充分、全神貫注的狀態。

三種會議備忘錄範例

狀態回報型會議備忘錄

↓ 重要資訊摘要或工作表現指標

↓ 重點資訊分析

↓ 根據資訊提出的嶄新業務機會

↓ 提出疑慮

會議討論重點（真正需要討論的事項）

↓

舉行會議的目標成果

↓

提案型會議備忘錄

概述當前狀況

↓

期待新提案帶來的機會

↓

新提案的執行計畫

↓

執行新提案所需的資源

↓

新提案可能帶來的風險

↓

採用新提案的下一步行動

↓

匯報型會議備忘錄

敘述匯報事件

↓

其中的正確決策／疏失

↓

該事件影響了什麼事情／部門？

↓

↓ 短期的處理狀況？

↓ 造成什麼結果？

↓ 是否有下一步行動？

↓ 從該起事件可以汲取哪些經驗？是否產生新的工作程序或改變現有的重要工作程序？

↓ 是否有其他團隊或部門需要一起改變？

我們根據加速夥伴的遠距工作環境調整這套系統。在會議開始以前，發起會議的員工必須把會議備忘錄寄給相關團隊成員，員工在實際參加會議以前必須事先閱讀這份備忘錄，並且準備好討論內容。單單靠著會議備忘錄就可以縮短至少一半的會議時間，而且員工的開會效率與參與度都有所提升。

會議的存在是為了讓參與者可以互動和對話，事先提出討論重點就可以鼓勵員工在開會前先組織好自己針對各討論事項的回應，這也正是舉行會議的初衷。

各位可以參考以下原則：如果你打算舉行的會議，由同一個人發言的比例在90％以上，就應該乾脆改用電子郵件或影片傳達訊息。花時間安排一場大家不會積極參與的會議，根本就是浪費員工們寶貴的時間和心力。

大家也沒有那種精力可以一整天開視訊會議。因此利用會議備忘錄系統向所有人傳遞資訊，就可以縮短會議時間，讓會議時間更聚焦在討論上，各位可以藉此讓虛擬會議的參與度和成果更加豐碩。

請各位以這種方式衡量上司與下屬之間開會的頻率。在實體辦公室，上司可能會每天早上找下屬喝咖啡，順便花十五分鐘關心工作情況，或是每週花一小時開會了解進度。然而，如果是領導遠距工作的團隊，你會發現最好減短或濃縮這些會議的時間，讓員工花更多時間在專案工作上，避免他們被視訊會議累垮。

管理團隊的公司外地會議

遠距工作公司最重要的會議包含管理團隊的「公司外地會議」*。這種涉及戰略討論及全部門參與的會議，通常會按一年、半年或一季一次的頻率舉行，是讓公司高級管理層和工作團隊齊聚一堂聯繫感情、規劃公司戰略的良機。

即便你沒有親自參加過這種會議，大概也能想像那幅景象——貼滿大張便利貼的會議室，藉由刺激有趣的活動聯繫同事情誼，例如：信任後倒遊戲*及高空彈跳，還找來外面的主持人掌控活動進行。

為了讓這種會議的功效發揮到淋漓盡致，要挪時間舉行活動，也要聯繫團隊成員的感情，但這種公司外地會議通常會橫跨二~三天的時間，而且通常會在一般工作環境以外的地點舉行，理想上應該以類似度假的氛圍舉辦。

如同許多公司因為 Covid-19 受到的影響一樣，要在網路上重現這種體驗並不容易。如果想要運用同樣的形式、維持跟過去一樣的活動長度，就要一整天花八小時在視訊會議上，但這樣勢必會累垮大家。我們在疫情剛開始爆發的幾週首次舉行遠距公司外地會議就犯過這種錯誤，公司管理層對於這次會議的回饋充滿負面評價。

在大家可以自由旅遊後，公司外地會議大概會是首先重啟的活動，但大部分公司在防疫期間還是得找出好方法，正常的舉辦遠距戰略策畫會議。

以下分享將線上的公司外地會議辦得盡善盡美的好辦法：

→ 把原本計畫的會議時間減半。前文提過視訊會議帶來的疲憊感，你的團隊會因為視訊會議時間過長，耗損他們提出新點子或進行討論時的創意和洞見。如果以前公司外地會議要連續舉辦好幾天，現在請考慮每天都只花半

＊ 譯注：Offsite，只在公司以外舉辦的會議，開會時可能兼度假或娛樂。
＊ 譯注：trust falls，一人站在另一人背後，前者往後倒讓後者接住，旨在促進參加者互相信任的感受。

天在視訊會議上。

↓ 從實際開會的前一天晚上就開始舉辦活動，做一些有效的破冰活動，並且花一、二小時進行有意義的談話，這可以讓大家先暖身，進入開會的狀態。

↓ 頭一個晚上以虛擬的歡樂小酌時光作結。或許可以讓大家一起玩互動遊戲，或是讓所有人一起進行類似的社交活動。這勢必無法取代實際面對面共進晚餐的體驗，但在大家無法共聚一堂的情況下，這已經是我們找到最能讓大家建立友誼的方式了。透過這些小遊戲，大家會更了解彼此，我們甚至還有幾次玩到笑出眼淚呢。

↓ 隔天早上再開始進行較嚴謹、細膩的會議行程。基本上最好從一早八點鐘就開始，因為大家都待在家裡，不像以前開會前一天都花在交通上，所以要早起更加容易。

↓ 把一整天的會議時間以二～三小時為一個單位，劃分為不同時間區段，每個時段之間休息一小時，千萬不要像實體會議時一樣馬拉松式的連續開會。

↓與會成員應該在開會日程上表定的休息時間離開電腦前，好好休息提神醒腦，而不是急著用這些時間回覆電子郵件。也就是說，希望大家用這段休息時間出門走走、讀點書、聽音樂。理想上，期許大家可以趁著休息時間讓自己神清氣爽一下，蓄勢待發的再回到電腦前繼續重要的戰略會議討論。

↓留一些時間讓大家放鬆。務必好好安排會議日程，才能避免公司團隊工作到太晚。舉例來說，會議可能在早上八點到十一點舉行，接著休息一小時到中午十二點，然後再進行三小時的會議到下午三點結束，每個時段之間穿插休息時間。接著公司團隊就能直接下班了，員工在連續花好幾個小時思考與討論公司戰略規畫後，要有時間好好紓解壓力。

雖然這種在虛擬世界進行會議的體驗，無法取代連續好幾天、實體的公司外地會議，但防疫的現實無法讓全公司員工或公司高級管理層實際見面、齊聚一堂，所以線上會議是個很好的解決方法——至少比完全取消這些重要會議來得好。事實上，公司團隊搞不好還比較喜歡這種模式，甚至希望未來舉行實體會議時，也能在討論公司戰略的會議之間加入休息時間，避免馬拉松式的連續開會讓大家苦不堪言。

不同時區的禮儀守則

公司越投入遠距工作模式，就越有可能會有來自不同時區的員工加入。如果不同區域之間的時差只有一、二個小時，要召集這些成員並不難，但如果公司員工分布在世界各地，則就困難得多了。

雖然加速夥伴大部分的成員都位於美國，但我們也有部分員工分布於歐洲、亞洲和澳洲各地。我們員工所在地時區差異頗大，有些人位在美國的太平洋時區，另外有些人則是位於澳洲的美國東部時區，這兩個地方的時差有整整十八小時。如果你的公司是跨國企業，很可能就會遇到類似情況，或是在不久的將來就會發生。

因此，國際觀非常重要，也要銘記其他人可能是在跟你差異極大的時區工作。我們理解時差帶來的問題，因此不會要求位於亞太地區的員工參加全公司會議。我們會錄製會議過程，讓這些員工自己找時間觀看會議內容。

我們也要求亞太地區的工作團隊定期與歐洲團隊通話，維持這兩個地區之間的連繫。然而，進行小型團隊會議，或是邀請位於不同時區的同事或客戶通話時，一定要注意對方那邊的時間。像 timeanddate.com 這種網站就很好用，可以讓你輕易知道世界各地的時間。

許多過去沒有跨國工作經驗的工作者，通常會從自己時區的角度看這個世界。舉例來說，如果公司總部位於英國，團隊中有一、兩位住在美國的員工，但卻堅持在英國早上的時間舉行遠距會議，這就表示位於美國時區的員工要不是得錯過會議，不然就要在太陽都還沒出來的時間上線開會。這種決策可能會讓位於美國的員工覺得不被尊重，也感受到與其他同事之間的疏離感。

假設你那邊時間是白天，開會對象那邊卻早已入夜，記得花點時間感謝他們在工作時間結束後還撥空參加會議。接著，可以提議未來在對方比較方便的時間舉行會議，或是輪流在彼此方便的時間開會，這樣才不會讓同一批員工一直在非工作時間開會。這種小小的禮貌舉動可以讓大家都覺得受重視、尊重，關係才能走得長久。

各位在寄電子郵件給不同時區的員工時，也可以考慮設定延遲傳送。如果你一直在對方的下班時間寄信，很可能會讓對方覺得有壓迫感，也可能令對方產生必須立刻回覆的壓力。反之，如果你按對方時區的上班時間延遲傳送電子郵件，比較不會讓對方一打開信箱就覺得當天的工作進度已經落後，或是感覺無法抽離工作。

最後，在跟位於不同時區的共事者約定開會時間時，一定要在電子郵件裡講清楚你指的是哪一個時區的時間，理想上是把雙方時區的時間都寫清楚最好。與其只是簡單的問不同時區的同事能不能在下午三點開會，建議大家再多問一句「是否於格林威治標準時間（GMT）下午三點／美國東部時間（EST）早上十點開會？」

這樣的舉動能確保收信人清楚了解你的意思，也能夠避免發生有人在錯誤的時間上線開會的尷尬情況——這種事在業界屢見不鮮，甚至我在寫這本書時跟我的編輯之間也發生過這種烏龍！

出差也要有策略

Covid-19 疫情重創之下，各行各業的公司領導者與員工都被迫挑戰與過去認知不同的業界狀態。其中最令人意外的，或許就是在疫情中，業務團隊必須在無法親自與潛在客戶見面的情況下拿到生意；在疫情發生以前，恐怕根本沒有人想過這種事，特別是在特別重視面對面談生意的文化與產業裡，更是對這種情況聞所未聞。

公司的業務都知道這套標準流程：找出潛在的業務機會，出差去面對客戶、進行提案。大部分傳統業務拉生意的技巧都著重在吸引客戶的注意力，同時要建立人與人之間的關係，業務團隊通常藉由與客戶建立信賴感來促成生意。

許多公司依然認為當面提案這個步驟不可或缺，也很期待在疫情過去之後恢復原本的作法。然而，所有的企業都應該審慎思考，是否每一筆潛在生意都有必要進行面對面的實體會議。雖然視訊電話無法完全取代實體面談，但總比在電話上進行正式提案來得好。視訊電話至少可以讓業務員與客戶有眼神的接觸，也可以透過共享電腦螢幕的功能讓客戶看到業務員的銷售簡報。

各位也要考量，與疫情發生之前相比，現有或潛在客戶有可能都已經分散在不同的地方工作。以往出差去找客戶或潛在客戶有個優點，業務可以直接與對方的工作團隊見面，並且建立公事以外的人際關係，但如今遠距工作越來越蔚為趨勢，你的潛在或現有客戶很有可能不會整個工作團隊都待在辦公室裡，或是根本沒有辦公室讓你拜訪。

或許有許多公司還是很期待世界能夠回到疫情重創以前的模樣，重啟以往出差拜訪客戶的習慣，但也有部分企業開始質疑出差的時間與金錢成本是否真的有其必要。業務員們未來或許會希望只拜訪最有價值的潛在客戶，並且把原本當作差旅費的預算重新分配到公司的其他新戰略上。同理，負責接洽現有客戶的工作團隊也必須順應時勢，找出可以跟客戶建立與過去同等良好關係的新手法。

團隊建立與線上建立情誼的活動

多年來，不管公司規模是大是小，團隊建立（Team Building）都是提升凝聚力的好方法。但在全面遠距工作的環境下，各家企業必須把實際面對面進行的活動（如信任後倒遊戲或障礙賽）轉換為線上活動，用突破傳統的方式提升公司的向心力。

有這些需求的公司，很有可能會向克莉絲蒂．哈洛德（Kristi Herold）的公司求助。哈洛德是 Sport & Social Club 的創辦人兼執行長，這是一家來自加拿大的企業，多年來主要業務都是負責籌辦成人業餘運動賽事。哈洛德的公司以運動凝聚人心，並且建立了自家企業品牌，他們在疫情籠罩全球的當下決定迅速改變策略，轉而把為全球企業籌備線上團隊活動視為主要的業務方向。他們為這股新需求推出全新的子品牌JAM（workplayjam.com），專心發展遠距線上活動的業務。

JAM提供各式各樣的虛擬遊戲，如賓果、冷知識問答、數位版尋寶遊戲、線上密室逃脫。他們同時也會為客戶的活動派遣遊戲主持人，並且準備好所有的技術需求——使用這項服務的公司成員只要在活動時間上線，就可以專心享受遊戲了。哈洛德的團隊還為客戶增添量身打造的細節，他們會根據客戶的公司資訊設計遊戲的細節，像是依不同部門及公司團隊為賓果卡命名等。新進員工也可以在冷知識問答裡問同事問題，進而認識新公司，用有趣、好玩的方式縮短熟悉公司一切新事物的時間。

以往有許多公司會把所有團隊活動的需求集中，濃縮成一場盛大的實體活動，例如年度公司旅遊或派對。但是因為受疫情影響，這場全球性的遠距工作實驗帶來了虛擬團隊建立活動的新潮流；各家企業雖然不必花費以往的時間心力，讓大家在真實世界中齊聚一堂，但依然要協助自家員工認識彼此、建立友誼。與其一年一度投注大量資源舉辦一場盛大的實體團隊建立活動，遠距工作組織或許反而會選擇多舉辦幾次線上聚會。

許多剛轉換成遠距工作模式的組織，不太確定如何協助突然只能在線上互動的自家員工建立人際關係。哈洛德自己的工作團隊也面臨了這種挑戰，他們因為疫情首次採取遠距工作。然而，與同事共進午餐、在辦公室的歡樂時光中自然而然產生的笑料，實在很難在虛擬世界當中複製。

然而，只要更用心完善的規劃社交活動，就可以促進這種人際連結。哈洛德與公司團隊細心引導虛擬團隊建立活動進行，他們並不指望員工在遠距活動時會主動與他人對話、聯繫感情。反之，他們讓員工加入所有人都有機會參與互動的遊戲，活動本身經過妥善規劃，可以避免在虛擬世界互動時偶爾會出現的那種尷尬時刻。

雖然我們無法確定各家企業未來會如何處理類似的團隊建立活動，但這或許就是各大企業領導者必須面對的挑戰，畢竟他們以往對業界的認知已不再完全適用，必須適應新的作法。未來，或許並非每次都得把大家召集到同一個地點，才能舉辦對員工有足夠影響力的團隊建立活動。類似的需求想必會帶來急速成長的需求市場，這正是線上團隊建立活動公司能夠大展鴻圖的機會。

科技需求

員工首次在家工作，一定得做出許多重大改變。大部分公司也得花費心力讓遠距工作盡可能有效率、運作順暢。這些成果究竟是好是壞，端看公司是否投注足夠資金在科技資源上，其中包括要使用許多軟體工具，讓員工的溝通和遠距工作體驗都更順暢。目前這些資源大多都直接放在雲端，因此可以立刻下載安裝使用。

以下我將與各位分享各家公司轉換為遠距工作模式時，都會使用到的科技工具；這些工具都是在雲端操作，因此不需更動公司的硬體設備。這些工具都非常好用，不過市面上還有許多工具也有類似功能，所以各位可以按照需求找到最適用的產品。

單一登入

首先，單一登入（Single sign-on, SSO）真的非常好用！它就類似商業版的密碼管理軟體。現在我們每天會使用各式各樣的科技平台，要員工靠自己管理一大堆不同的使用者帳密實在太麻煩。有了單一登入技術，員工只要登入一次就能使用所有平台。

如果員工實在有太多工具需要花心思記住登入資訊才能使用，他們就越不會去使用這些工具。透過單一登入平台，可以連結大量在雲端運作的帳戶，成為單一登入窗口，比以往方便得多。目前我們的公司團隊使用的是Idaptive，但市面上其實還有其他公司也提供同樣好用的技術，如Okta和OneLogin。

挑選這些單一登入工具時，最好選擇有雙重驗證（two-factor authentication）

功能的比較實用，有了這種驗證系統，員工必須以手機收取簡訊或檢視電子郵件傳送的密碼才能成功登入。這種功能可以有效的為公司資訊提供多一層保護，以免有人洩漏密碼或遺失電子設備。

雲端檔案共享

能夠共享檔案非常重要。企業組織必須要有安全的平台妥善儲存檔案，還要有適當的檔案和資料夾取用權限。必須要讓大家都能輕易閱覽、在文件上協作，並且能夠在自己的電腦上建立資料夾方便取用這些文件。不斷透過電子郵件來回傳送文件，並且讓員工把所有文件都儲存在個人的電腦硬碟上，可以說是資訊管理和數據安全的惡夢，也會導致員工必須承擔額外的行政工作。

如果公司裡有許多不同團隊與部門，更應該要使用檔案存取權限劃分更加細緻的檔案共享平台，以確保某些資料夾及其下面的子資料夾不會被任意存取，有些資料則可以對整個工作團隊、部門或所有員工公開。SharePoint、Box、Egnyte 都有更精細的資訊保護功能，是大型企業可以善加使用的出色軟體。

即便是小型組織也勢必有雲端共享檔案的需求。就算你的公司規模不大，還是需要有個安全的地方儲存檔案，以免電腦當機造成災情。對任何規模的企業來說，如果因為有人把咖啡潑到筆記型電腦上而遺失重要客戶資訊、流程設計文件、公司帳目等，都會造成重大損失。真要說的話，其實這種風險對小型公司來說更會造成嚴重影響——公司員工越少，越有可能在任何一位員工電腦裡都有不可取代的檔案或機密文件。因此小公司或獨立創業者可以選擇使用功能比較精簡的服務，如Dropbox及Google Workspace。

學習資源及知識管理

如本書前面所討論的，對於遠距工作組織來說，教育訓練和到職訓練都是提升員工表現的關鍵。因此務必確保公司的學習資源集中在同一個地方，讓員工可以按需求閱覽，這樣就不必一直規劃視訊教育訓練或教學。

學習管理系統因此就能派上用場了。它是一種電腦平台，讓企業組織可以上傳影片及書面教育訓練內容，提供全體員工需要時瀏覽。

許多學習管理軟體都可以加入評量的功能，確保需要教育訓練課程的員工都有確實學習，也可以在需要時回頭查閱資料。有些學習內容則是公司全體員工都必須確實了解的資訊（如公司的資訊安全守則），這種功能就可以有效確保所有人都經過——並通過——必要的評量程序。

有了學習管理系統，主管可以指定員工使用現有的學習資源做教育訓練，不必再另外安排視訊教育訓練。使用功能完備的學習管理系統，更可以確保公司不會因為某些負責教育訓練的員工離職，而遺失重要的知識或訓練資源。如果直到某位員工離職後才發現，工作團隊裡根本沒人有能力填補空缺，或是不知道如何管理離職員工以前獨立負責的工作程序，那就太慘了。

另一項類似的好用工具就是知識管理系統（knowledge management system, KMS），也叫做知識庫軟體（knowledge base software, KBS）。公司團隊可以運用知識管理系統和知識庫軟體上傳全公司都能使用的資源，以利回答時常出現的疑問，例如：通則性的公司知識、公司政策和最佳實務。我們公司使用的知識管理系統是Guru——它最好用的功能是驗證系統，可以確保系統裡都是最新資訊。每隔一段時間，Guru上顯示為正常狀態的綠色燈號就會轉為紅色，提醒使用者現有資訊可能不是最精確的資料。各領域的專業人員可以瀏覽紅色燈號亮起的資料，確保系統裡的資訊依然準確無誤，使所有資料都保持值得信賴、定時更新的最佳狀態。

知識庫軟體也可以為員工帶來同樣的好處。如果企業能夠投注資源心力在使用知識庫軟體上，並且致力於確保資訊即時更新，員工就能輕易取得如員工福利、填寫支出報表或核心工作程序的各種資訊。大家可以把它想成一種儲存空間，讓公司員工隨時依需求取用文件。

在遠距工作環境下，員工不像在辦公室裡，可以時常見到公司財務或人資，也無法直接到某位同事的位置上問問題，因此這種可以提供資訊的即時資料庫更顯得重要。這種集中資訊的訓練和知識管理資源，對於員工是否能順利發展有關鍵性的影響，特別是對於新進員工來說更是如此。

人力資源系統

在上一章我們討論過，利用招募人才追蹤系統來妥善管理招募和聘雇事宜。然而，將管理人力資源的各種工作資源集中在同一個地方也相當重要，其中包括各種必要程序，如管理員工的休假申請、聘請新員工、工作表現評估等。運用科技工具將這些功能集中在一起，主管更容易使一切有條有理，不必花時間追蹤各位員工的休假狀況或處理其他人資部門的需求。

上述人資管理資源包括：

↓ 用來管理人資行政程序（員工到職日、薪資歷程、休假管理、個人資料等等）的線上工具。對大部分的中小企業來說，多年來這些功能都是交由龐雜的人力資源 Excel 表單來完成。但時至今日，特別是在遠距工作屢見不鮮的環境下，企業需要更精細的管理架構。我們是使用 BambooHR 來儲存、管理上述許多人資管理要素。

↓集中工作表現評估及意見回饋、人力資源管理、聘雇、績效管理等功能的平台。對任何一家遠距工作公司來說，以上這些管理程序都是公司致勝的關鍵，因此我們在管理上必須避免任何人為疏失的可能性，以免影響這些關鍵要素。目前我們公司使用 Culture Amp 來完成以上各種需求。

↓讓公司能夠即時收集來自員工的匿名意見回饋，並且主動找出改進方案的工具；我們公司多年來都仰賴 TINYpulse。即時且匿名的意見回饋對於遠距工作環境來說不可或缺。在無法天天跟同事、直屬上司直接互動的狀態下，很容易就會忽略全公司上下的員工目前對於公司的感受。各位絕對不希望發生像是大多數員工工作得不開心，或是對公司失去歸屬感等重大問題。意見回饋軟體能夠為你持續收集來自全公司員工的建言，可以協助你在問題惡化、擴大之前就及早介入處理。

團隊間的溝通

Slack、Zoom、Microsoft Teams、Google Workspace 大概是遠距工作組織最常用來進行公司內部及對外溝通的工具了：這些工具也可以用來促進合作關係及分享資訊。

甚至還有其他科技工具，可以幫助我們在工作團隊溝通的過程中加入一些網路社交的元素。我們發現 Donut（donut.com）會自動配對並連結公司員工，讓大家可以在線上一起喝咖啡、認識彼此。這種工具格外適合個性較內向的員工，他們通常希望能以一對一的形式認識其他同事，在有一大群人的場合會表現得比較內斂。

工作取向的工具也可以用來促進公司內部的人際關係。舉例來說，我們公司的 Slack 上最受歡迎的聊天室是「#本週最快樂的事」。這個聊天室顧名思義：員工會在聊天室裡貼照片或文章，告訴大家他們這禮拜發生了什麼最快樂的事。這個好點子是我們一位員工想出來的，不出所料，這是公司最多人參與討論的聊天室。

專案管理工具

為了在遠距工作環境下也能協助團隊合作，並且管理員工工作量，使用專案管理工具可以讓員工看到彼此手上正在進行什麼專案，互相分配工作，對於即時為其他人提供詳細的工作指示也會有很大的幫助。

各位無須強制全體員工使用這種工具，讓想要使用的團隊可以自由運用，並且在員工需要時主動提供建議，也不失為一個好辦法。如果公司團隊可以運用這些軟體來管理專案的工作流程，不必繼續仰賴傳送電子郵件分配工作、說明專案內容、互相分享意見，員工也就不必因為深怕錯失與手上專案有關的重要資訊，必須整天盯著電子信箱不放。

市面上有各式各樣的軟體提供這些功能，包括 Basecamp、Trello、Asana。如果整個工作團隊或整個部門都願意多加利用這些工具，對每個員工來說，不管是合作、溝通、為工作承擔責任都會更加容易。

資訊安全科技

如果員工破壞了公司對他的信任，其中包括離職時與公司不歡而散，你一定得準備好公司資訊的安全防護措施，以免這些員工在離職時對公司造成任何傷害。

務必確保你已做好資訊安全保護措施，避免資訊被竊取、損壞或被徹底破壞。如果你的員工是使用自己的筆記型電腦工作，公司的資訊技術人員應該要有存取每一台公用設備的權限，以利在緊急情況下保護公司的智慧財產安全。各位企業主也應該具備在遠端清除員工電腦資料的能力，以免真的有員工在離開公司時竊取資料，也才能及時清除對方下載到電腦裡的檔案及應用程式。

同理，如果各位的公司是使用雲端檔案管理系統，資訊技術人員應該要能夠查看員工下載資料的狀況，確保員工未在缺乏明確業務需求的狀況下大量下載公司文件與資訊——各位不必風聲鶴唳，不需每次只要有員工下載檔案就鉅細靡遺的記錄。不過，我們前文提及的許多雲端檔案共享服務，都會在出現可疑活動時提出警示，促使你進一步了解狀況。

即便是標榜最信賴員工的企業，都不得不接受信任有被濫用的可能性。這種萬無一失的預防措施可以讓你在相信人性本善的同時，也不必拿公司的重要資訊、文件或甚至營運狀況作賭注。

我已將這些技術資源整理為一份詳細清單，請上網查詢：robertglazer.com/virtual。

科技整合

對於許多企業組織來說，要整合科技似乎代表著需要花更多心思管理技術資源。然而，對某些組織來說，這反而可以簡化他們手頭所需使用的技術資源。

無論如何，將各種工具集中在一起，讓員工可以輕易使用，同時在工作流程裡整合各種科技工具是一大要務。為了做到這一點，也為了使運用科技工具變得更容易，特意挑選能夠融入各位公司現有基礎設施的軟體也是理所當然。讓科技工具變得越容易使用，就會有越多人樂於使用這些工具。

正如我們前文所討論，即便是樂於在家工作的人終究還是會渴望與他人社交，透過科技的協助，我們可以讓大家在線上相聚，與同事分享生活體驗，並且鼓勵他們在工作以外保持聯繫、多加互動。各位也可以利用這些平台，促使員工主動發起社交活動。疫情期間，許多企業的員工自願舉辦活動和線上社交聚會；我們公司也有許多員工通力合作，舉辦了讓同事互相分享自己孩子、以及秀寵物照片講故事、團體瑜珈課、冷知識問答等活動。

管理與領導

夢工廠動畫公司（DreamWorks Animation）前執行長傑佛瑞．卡森柏格（Jeffrey Katzenberg）有個廣為人知的習慣，他每天早上進公司時會逐一摸過員工的汽車引擎蓋，看看誰在他抵達公司前不久才來上班。許多公司領導者和主管都很重視第一個進公司、最後一個走的工作習慣。但同樣的，也有許多公司領導者可以證實，待在公司的時間長度並不是保證工作表現出色的關鍵。

我自己就親身經歷過這一點。二十幾歲時，我在一家以彈性工作環境為賣點的公司工作，公司希望以這項特點吸引家有年幼孩子的工作者。然而，公司創辦人本身未婚也沒有孩子，他很快就受不了自己是唯一一個每天一大早就到公司、卻是最晚下班的那個人，因此時不時會對善用工作彈性的員工酸言酸語。

我實在看不慣公司創辦人只在意員工待在公司多久，但不去看看實際工作表現的行為，因此我作了個實驗：一整個禮拜，我每天都比他早到公司，但是進公司以後就開始上網、玩電腦遊戲，直到我平常抵達公司的時間，中間這段時間根本沒在工作。這樣一個禮拜下來，我的工作表現並沒有更出色，但我知道老闆對我那一個禮拜的表現非常滿意，也很高興一早就看到我坐在辦公室裡。

這個實驗告訴我們商業管理領域的殘酷事實：就算員工待在辦公室裡再久，也無法保證他們有更好的工作成績。在某些情況下，員工甚至可能藉由長時間待在辦公室裡，讓老闆誤以為他們的工作成效比現實表現來得更好。

在這種情況下還「肯定」員工，反而會鼓勵錯誤的行為。想要讓員工有更好的工作成效，應該把實際工作成果當作肯定員工的依據，並且以實績當作優先考量的目標，而不是把待在辦公室、處理某一項工作的時間長度當作衡量標準。

因為疫情，許多公司領導者和主管不得不突然開始領導遠距工作團隊，他們旋即就會發現資深遠距工作者早就知道的事實：在虛擬辦公室管理員工是與過去截然不同的體驗，對所有置身其中的人來說，最終致勝的關鍵在於領導，而不只是管理。

在遠距工作組織裡，主管無法在辦公室裡走動、與員工面對面相處，也無法每天看著辦公室從熙來攘往轉為人去樓空。因此工作團隊與企業領導者都必須認清如何才能真正激勵大家、跟進工作進度，就算不隨時監督也能讓員工為自己的分內工作盡責，更無須鉅細靡遺的管理大小瑣事。

這也是為何我們先前討論過，企業最重要的就是企業文化，譬如目標和核心價值等重要原則。只要設立明確的目標、追蹤系統，讓員工善盡責任，即時評估公司成員的表現就更加得心應手。對於管理全新遠距工作團隊的領導者來說，他們可能會質疑員工在家工作是否依然能保持良好的工作績效，因此，明確的目標與良好的追蹤系統就是關鍵性的評估標準。只要清楚、明確列出公司目標，以及為了達到公司目標而必須完成的員工個人績效指標，員工就能預期公司對自己有哪些期許，主管也能信任員工會保持一定水準的表現以達成目標，也就無須時時密切監控員工的行動。

抱持這樣的心態與作法，就無需太過擔心員工每天到底在做什麼，也不必在意他們到底一週工作了幾小時。只要員工持續達成公司賦予他們的目標就好，畢竟工作成果才是最重要的證明；至於員工到底為了達成目標投入多少時間心力，倒不那麼重要。想要成為成功的遠距工作團隊主管，一大要點是務必以實際成果為依據來管理，並且最好避免一天到晚盯著員工不放。

企業喜歡看到員工長時間待在辦公室裡筋疲力竭的工作，並藉由強調這點來管理員工，正是因為他們並未替員工設立明確的工作期待，或是無法讓工作團隊善盡職責，才出此下策。明確、一致、可量化的目標與工作職責則可以解決這些問題。

在轉換為遠距工作的過程中，有些人會因為無法頻繁與下層碰面，認為難以妥善管理。以往主管們習慣時不時插手協助員工解決問題，或是請員工進辦公室來個腦力激盪，在這種被迫與下屬分隔兩地的狀況下可能相當不適應。然而，領導者們其實可以把遠距工作當成一個機會，藉此提升自己賦權給下屬及溝通上的能力，這兩種能力無論在任何環境都是不可或缺的優勢。領導者可以給工作團隊明確的期許與必要的指導，讓員工在無人時時監督的狀態下獨力完成專案，藉此提升大家的整體工作效能和心態。這也是剛擔任主管的人一開始很難上手的地方——遠距工作則正好讓這些新科主管有練習的機會。

不管是長遠來看，還是針對短期效益，在遠端環境下妥善分派任務，都有正面的效果。主管若能信任員工在無人監督的情況下完成工作，不需時時關照，這些員工也能藉此學習自己解決問題，並進一步對於自己擔任的職位更增信心、成長得更快。

不管在任何工作環境，主管都不該緊盯著員工，讓大家無法喘息，也不該替員工解決所有問題。可惜的是，在實體辦公室實在很容易發生員工一遇到問題就找主管、主管看到員工遭遇困難就插手的情況，也因此很容易養成這種壞習慣。

績效管理

對實體辦公室的主管來說，不管是要褒獎員工還是要提出建言，只要是想針對員工提出重要意見回饋，首選的方式都是面對面談話。對於像季度、年度評估這種重大績效管理舉措，以及包括像辭退員工這種難以啟齒的對話來說，尤其會傾向於選擇實際面對面談話的形式。以前的大家實在難以想像，有一天你我必須在網路上進行這種會議。

然而，端看目前的實際狀況，遠距工作組織的領導者、主管勢必得開始習慣，往後這些對話有可能無法直接面對面進行。除非你的工作模式很特別，可以時不時跟遠距工作的直屬上司見面——比如你們是在同一個共享工作空間——不然這種類型的討論通常都有急迫性，而且實在太重要，無法等到下一次全公司成員都出現在同一個地點時再進行。我還是要再強調一次，所有績效評估及敏感內容的談話，務必要在視訊電話上進行，千萬不要只透過電話、電子郵件或在閒聊時做這類談話。

假設你得辭退某一名員工，用視訊電話進行這段談話，或許會顯得不那麼冷酷無情、麻木不仁。進行這類談話時，發言務必清楚明確，闡明你為何會做出這樣的決定，同時也要細心觀察員工的反應。

想必出乎各位意料之外的是，遠距與員工談論敏感議題，實際上會比面對面辭退員工來得不那麼尷尬。假設你帶領的是遠距工作團隊，卻突然約某位員工實際面對面談話，一定會讓員工驚慌失措，擔心你要跟他們說什麼可怕的事。此外，線上談話辭退員工對他們來說也有好處——談話的當下他們就待在家裡，可以私下好好消化事態發展，不必在知道自己被辭退後，還要帶著滿心的羞愧感穿越整個辦公室、走出共享工作空間或咖啡廳才回家。

另一方面，在遠距工作環境下，用更密集的頻率鼓勵員工，給他們正面意見回饋會更有助益。因為在遠距工作模式下，員工不會天天跟你見面，他們可能也不太清楚老闆到底有沒有肯定自己的工作表現。發現你的員工有出色表現時，請一定要盡快表達對他們的讚賞，而不是等到下一次績效評估時才讚美他們。

安全感

的確，遠距工作與在實體辦公室上班相比，少了許多跟員工碰面的時間。也因為如此，遠距工作團隊的領導者必須創造出有足夠信任感、透明公開的工作環境。因為你無法天天看到員工在幹嘛，更需要員工主動讓你知道他們完成了哪些工作、哪些工作表現可能未達預期，而你身為上司可能如何協助他們進步。

也正因為遠距工作模式下比較無人監督，我發現遠距工作團隊在員工願意主動出擊、自動自發解決問題時才能夠有最佳工作表現。如果員工每做一件工作就要寄電子郵件給主管請求協助或許可，一定會拖慢整個工作團隊的進度，同時也會阻礙員工在工作上有所成長。

因此，遠距工作的主管們請務必創造出最低限度的監督、卻依然能信任員工的工作環境，同時讓員工有足夠的底氣，即便根本見不到主管，也願意不畏批判或懲罰，主動與主管溝通工作上遇到的問題——這就需要各位努力創造出讓員工有足夠安全感的工作環境了。有足夠的安全感，員工就不怕犯錯，也不會擔心向主管提出工作上的困境會有什麼不良後果。

話說回來，要有效率的創造員工的安全感，就得仰賴公司核心價值。我們公司會把核心價值之一定義為**負責任**，就是因為我們希望員工能夠勇敢處理各種工作和挑戰，而且不必時時擔心出錯。我們都心知肚明，經營公司勢必時不時得面對員工犯錯，但我們也清楚的告訴員工，只要各位願意認清錯誤、從中學習、不再犯同樣的錯，就算有時候失誤了也沒關係。

各位還記得加里·禮奇和 WD-40 公司把犯錯稱為「學習良機」嗎？禮奇就是那種聰明的公司領導者，他深知一家公司要進步，就必須讓員工勇敢犯錯、從中吸取教訓。雷·達里歐（Ray Dalio）是避險基金橋水基金（Bridgewater Associates）的創辦人，同時也是享譽國際的公司領導者，他更是把這種概念提升到另一個層次，在自家公司提出「建立問題日誌」（issue log）的概念。直到現在，橋水基金的員工依然必須照實登錄他們在工作上犯的錯，供全公司檢閱，這樣所有人才能都從錯誤中學習、進步。在公司建立這種工具，等於是向員工聲明，橋水基金可以接受員工在積極追求良好工作成果的過程中犯錯。老實說，橋水基金不會因為工作出錯而開除員工，隱匿不報才是導致被辭退的重大問題。

我們公司也有自己的一套規矩。在某些情況下，我們在工作上犯的錯確實會有正面意義，也可能會因為失誤而造成不理想的工作成果，這時我們會要求員工簡單報告事情經過，闡述他們的處理方式，分享從這次錯誤中可以學習到的經驗。我們甚至還為這種失誤報告做了固定的報告格式，盡可能讓員工覺得回報錯誤很容易也很正常。

如果遠距工作的員工有足夠的信任感，相信自己就算在工作上犯錯也不必害怕被嚴重懲處，就能更自在的在沒有辦公室和上司的監督下工作。身為公司領導者或主管，各位有責任協助自家員工理解，他們的確可以犯錯，但務必在犯錯後誠實提出問題所在，並且貢獻心力解決問題。

員工狀況一把抓

要如何才能知曉所有人的工作狀況呢？——許多人常常因為對遠距工作的誤解而這麼問。大多數人都先入為主的認為，遠距工作組織一定無法隨時掌握員工在做什麼、人在哪裡。對遠距工作抱持質疑態度的人更會直接認為，在虛擬辦公室裡，上司要聯繫員工就像在玩躲貓貓一樣，員工會躲給上司找。

其實，雖然我們賦予員工足夠的工作彈性，讓他們自己安排工作時程，但並不表示我們的員工可以不事前告知就任意消失好幾個小時不見蹤影。員工如果只是要去快速辦點事、上健身房運動，那的確不必特別告知。但如果員工要離開好幾個小時去看醫生、整個下午都要請假，或是會有好幾個小時無法工作，那就必須事前跟主管妥善溝通。如果工作團隊的成員能共享工作時程表，就能讓大家清楚知道，哪些時間找得到人，哪些時間又不在電腦前。

這又講回負責任的企業文化了——在工作時間內，除非有先跟同事、主管協調好，不然員工就應該要認真工作。我們對遠距工作員工的要求，就跟各位在實體辦公室對員工的要求一樣。

我們的休假方式也遵循這種概念。在我們公司，休假時間沒有固定限制，但這並不表示員工可以隨時丟下一切、自顧自的休假一整個月。員工要休假，必須先經過主管同意，而且每次休假的時間長度也有限制——除非有特殊例外——我們也會安排好團隊成員各自的休假時間，避免負責某個客戶的所有團隊成員都在同一個禮拜休假。我們的確希望員工找機會充電、好好休息，但員工也必須對客戶和其他同事負責。

不監控政策

我們在前文列舉過各種促進公司工作效能的科技資源，同樣重要的是，我們也要聲明絕不使用監控科技裝置隨時監看員工的工作狀況。我理解某些產業為了合乎法律要求，勢必得監看員工的工作狀況（例如：金融服務產業），但我們公司在員工實際做出讓我們判斷不得不進行監控的行為之前，都堅持信任員工。

全心信任員工的同時，我們也已做好萬全準備，以免員工打破公司的信任；我們可以監控任何下載公司檔案的電腦活動，也能夠遠端清除員工電腦裡的資料。

令人惋惜的是，如今市面上充斥著各種讓主事者監控員工的創新產品。英國廣播公司（BBC）於二〇二〇年底指出，製造這種監控軟體的公司發現，在疫情期間，電腦按鍵計數器、隨機拍攝員工電腦桌面畫面、追蹤滑鼠使用狀態的各種軟體在市場上需求大增。也因為這種趨勢，未來這方面的議題在勞資關係和隱私權上很可能會產生許多爭議。

目前幾乎沒有證據能夠證明員工在家工作更容易偷懶。更甚者，有一項來自卡迪夫大學（Cardiff University）及南安普頓大學（University of Southampton）的研究發現，全職在家工作的員工在有給薪的工作時間內，每小時的工作效能比在實體辦公室裡更高。監控科技則適得其反，在勞資雙方之間造成如貓抓老鼠一般的局面，使員工想方設法要騙過監控科技產品。知道主管會監控電腦的員工大可購入自動滑鼠移動裝置，在使用者根本沒在工作時自動移動滑鼠，製造出有在上班的假象——這種情況對誰都沒有好處，不僅為主管製造額外的負擔，也造就了缺乏信賴感的工作環境。

有兩位來自大型媒體的記者訪問我，他們正在寫關於這些科技產品的報導。他們特別關注那些設計用來監控員工日常上班狀況，甚至監控鍵盤輸入狀態的產品，深入探討這些產品如雨後春筍般出現的現象。

這兩位記者告訴我，監控產品設計公司的發言人們都表示，自家產品對企業有正面影響，不僅員工們絲毫不介意上班被監控，甚至也因為監督和問責的密度提升，員工的績效更為出色。但我問其中一位記者，這些公司提出的所謂績效到底是什麼，以及這些「績效」跟實際公司利潤是否有任何正相關？他竟然張口結舌的答不上來。

這些公司真正有自信的其實是，他們可以靠這些軟體確保工作者黏在電腦螢幕前不離開。但我倒想知道，在這種狀況下，到底有哪一項生產力指標出現真正的成長——我敢打賭，只有像工時或鍵盤輸入次數這種數值會上升而已。雖然這些統計數字的確可以看出員工花費更多時間工作，但就算員工投入更多時間，也不能保證他們完成了更多真正重要的工作，別說這種作法根本沒考慮到對於公司文化會產生什麼影響。舉例來說，假如你上班時被公司這樣監控，只要每幾分鐘動動滑鼠，就可以讓老闆相信你有在認真工作，又怎麼可能會願意花時間打電話給利潤可能達上百萬的潛在客戶去爭取生意呢？

以我個人立場來說，實在很難相信員工真的會喜歡被公司監控。員工很可能只是因為擔心被公司認為是心裡有鬼才要躲躲藏藏，因此不願意說出對於被公司監控的不滿。如果公司不信任員工會盡責完成工作，想必沒有任何員工會因此感到開心。監控科技可能會打擊公司士氣，導致員工轉而去不會監控他們工作狀況的公司求職。等到疫情過去，我等著看在員工更有意願尋找更好的工作機會時，這些使用監控軟體的公司會流失多少人。

看起來忙碌，不代表真的完成更多工作。事實上，我認為員工在被監控的狀態下，會花更多時間處理待辦清單裡的瑣事，而不是長時間努力處理真正對公司有幫助的大案子。

想要讓員工把工作時間花在重要的事情上，有更好的方法——就是更高層次的公司文化，像是目標、核心價值可以派上用場的地方。

表現優異的企業組織都會公開向員工表明，期許在他們身上看到哪些價值，從而為員工設立明確的目標和指標，衡量員工的成就是否真正幫助公司業務成長也就更加容易；這些主管也心知肚明，用員工的實績來評估表現，比斤斤計較在工作上花了多少時間來得有效率。

正如我們在第三章討論員工績效指標時所說，你會想要一天花十四小時工作，卻沒拿到任何生意的員工；還是一天只花兩小時工作，卻可以談成上百萬訂單的員工？

如果是拿工作成果來衡量員工表現，就不必在意員工到底怎麼安排工作時間。我並非主張主管不應該關心員工的工作狀況——主管絕對應該定期進行稽核，確保部下聲稱達到的成果真的有實績。如果某位員工一直無法完成工作，或是無法達成預定目標，那主管絕對有理由懷疑他們沒有把時間好好花在工作上。如果出現這種情況，公司自然就會開始詳細調查。

任何遠距工作組織的主管都必須做基本的品質控管檢查，確保員工有善盡職責。信任員工並且為他們設定期許的目標，以及不定時檢驗員工工作狀況及表現，這兩者並不衝突。這也就是為什麼企業需要稽核人員的存在。我們公司遵循這樣的原則，我們相信「信任，但也要記得驗證」的價值。

如果各位公司裡有某位員工的表現不對勁、數據對不上、持續出現客戶申訴、反覆犯同樣的錯誤，務必要及早處置。

信任出現裂痕

前面說過，在遠距工作組織裡信任感是更加不可取代的要素。因為如果無法實際觀察並確認員工的工作狀況，要及早發現員工行事已違背公司最佳利益會更困難。

有些企業領導者對遠距工作抱持質疑的態度，因為他們擔心員工的不良行為可能會擴大為損壞客戶關係、破壞公司財務甚至導致公司營運產生危機，而且無法在這些重大問題惡化之前及時停損。雖然目前沒有證據顯示，遠距工作的員工與實體辦公室的員工相較之下更容易濫用公司對他們的信任，但遠距工作企業的領導者可以也應該付諸行動，確保破壞公司信任的行為不會轉變成對公司有害的重大危機。

即便是在聘雇流程上表現優異、並且秉持堅實企業文化基礎的公司，都可能會遭遇員工濫用公司信任的事情，這並非只有遠距企業才會遇到的現象，只是因為在遠距工作的環境下，員工不在辦公室裡，也不在公司網域裡行動，因此務必要安排好相應機制，以利在事發當下即時應對，避免進一步影響公司的未來。

遠距工作組織一定要為所有員工都提供一致的意見回饋循環＊。如果只按照一般行事標準設定年度指標、進行年度績效評估，不管是對各位還是各位的主管來說，都難以及早發現對公司有潛在負面影響的員工。反之，如果能為員工提供清楚、可以直接問責的績效指標，讓員工肩負每季都必須達標的責任，員工也就會更頻繁的回饋意見，避免濫用公司信任的情況持續下去。

舉例來說，請各位想像一下，如果某位員工在事前未與老闆討論的情況下，就決定他一個禮拜只工作二十小時，工作績效也因此一團糟。對主管來說，如果能夠在當下就介入排除這個問題，一定比等到下一次績效評估才著手處理來得好。他們或許會因此發現，員工出現這種狀況其實情有可原，也許是家裡的長輩或孩子生病了，卻不敢向公司提出暫時更動工作時程的要求。

如果能夠盡早發現這些問題，也許就能積極幫助員工，同時修復被破壞的信任感。然而，如果放任不管好幾個月，被破壞殆盡的信任或許就很難重新修復了。想要彌補公司與員工之間已產生裂痕的信賴關係，很重要的一點是必須建立可以讓企業領導者和主管及早發現問題的意見回饋系統，才能在事態發展到無法挽回的地步以前控制局面。

這個論點也正好解釋了，為何要為員工設定與部門或企業目標互相呼應的績效指標。員工有可能會誇大他們工作表現的數據，或者忽略各項工作的輕重緩急，但如果他們的工作目標與企業發展方向一致，就更容易追蹤工作表現，並且讓員工產

＊ 譯注：feedback loop，一種組織間的意見回饋形式，可以透過電子信箱將來自收件者的意見回饋反應給發件的單位或組織。

生更強烈的責任感。

假設各位希望找出公司裡有潛力擔任主管、甚至勝任企業領導者的人才，因此要求主管們每季都花心思評估手下員工的表現，看看哪些人有擔任領導者的潛力，為公司未來的傳承做準備——如果你單純只是叫主管們花時間做這件事，卻沒有給予他們明確的目標，這些主管就不太可能把這件事視為應該優先處理的事項。

反之，如果你為每位主管都設定明確目標，請他們每年向人資部門提出兩位資質優異、可以進一步栽培為主管的人選，將全公司的目標設定為舉出一百名人選，這樣就很容易觀察出哪些主管有為達成公司目標貢獻心力、哪些主管則表現不佳。如果公司團隊能每週檢討目標達成率，並且讓整個團隊上下一心的擔起責任，就能看到更明顯的效果。

如果讓員工的工作指標與公司績效直接連結在一起，而不是把每個人打了幾通電話拉生意、寄了幾封電子郵件給客戶，或是其他可以誇大的數據當成判斷依據，就更能客觀的評估員工的工作表現。好的績效指標應該要能夠讓你立刻看出公司哪些關鍵成果出現潛在危機，以利及時深入了解。

具備了恰的成果指標後，你就只要在較高層次的指標出現問題時，再向下探究員工的個人表現就好。

我們在討論各項科技工具時曾提過，請各位務必要準備好能夠保護公司資料的工具，以免員工與公司不歡而散或遺失電腦設備時產生的風險。我必須重申，這種保護公司資訊安全的責任應該交由公司的電腦資訊團隊負責，而不該是各部門主管的責任。公司的電腦資訊部門應該要能夠從每位員工的電腦活動判斷是否有異，並且在出現問題時主動向主管報告。

處理信任危機的最後一步，就是要盡可能確保這種狀況越少發生越好。因此，各位必須讓全體員工清楚知道這些事何時會發生，並將負面事件轉化為讓員工從錯誤中學習的機會，同時進一步強化每位員工對公司文化的理解。先從向員工重申公司對他們的期許開始，然後進一步解釋該事件違反了哪些公司規定。

我們很幸運，一路走來，這種信任危機發生的次數少之又少，但的確還是發生過。通常是因為員工做了錯誤判斷、違反了至少一項公司價值，或是做出了不道德的行為。有時候這些情況會導致我們必須立刻終止與員工的僱傭關係。然而，在遠距工作的環境裡可能更難遏止謠言散布、私下議論；大部分的公司成員可能一開始根本不知道有員工因此離開公司，更不可能知道發生了什麼事。公開透明的處理這種狀況，讓員工知道第一手消息而不是道聽塗說，就可以降低瀰漫在員工之間的恐懼感，同時用員工可以認同的方式強化他們對公司標準和價值的理解。

上一次我們遭遇這種憾事後，立刻在隔週召開的全公司遠距會議上處理該起事件，我們向所有員工解釋了有同仁明顯違反公司價值和道德標準，因此遭到資遣。我們並未揭露事件細節與該名員工的身分，單純解釋事件發生的經過以及管理層決定資遣該名員工的原因。這麼做不僅是為了讓員工知道信任與公開透明是我們最重視的公司文化——破壞這份信任更是重大傷害——同時也向員工建立觀念，未來如果遇到類似情況該如何應對。

在這種情況下，如果有堅實的企業文化基礎就能避免員工作出不當行為。在這起事例中，我們希望讓其他的員工清楚明白，該名同事的行為直接違反了我們的公司價值，因此產生相應的負面後果，也期望能夠避免未來再發生類似狀況。

如果各位的公司也遇到這種信任危機，最好能將這些危機轉為公司成員學習、檢討的良機。各位也能藉此讓公司成員了解，公司非常重視與員工之間的信賴關係，也讓他們知道如果犯了錯該如何彌補。

事實上，大部分人一開始都並非惡意的破壞工作上的信賴關係。我們曾經遇過一位準備離職的員工試圖下載大量的公司文件，後來我們聯絡上這名員工，告知他公司規定不允許這樣大量下載公司文件，才知道他根本不曉得這麼做已經違反公司規定。不管對方說的到底是不是實話，公司的目標都是希望盡可能避免這種情況發生，而不是非得時時疑心員工的道德操守與意圖。

因此，我們在下一次全公司會議時，再次提醒全體員工他們已與公司簽訂文件保存規章，同時向大家解釋在準備離職時下載公司文件會違反這份規定，公司也會追究相應的責任。我們同時告知所有同仁，各部門主管會提醒準備離職的員工遵守這些規定，電腦資訊部門也會監督並加強實施這些規定。與其試圖在員工違反規定時抓到現行犯，我們倒是比較希望先跟員工講清楚所有的相關規定，從一開始就避免任何模糊地帶，並且從根源遏止違反規定的潛在可能。

各位如果希望員工盡力維護公司對他們的信任，就應該主動解釋清楚，哪些規定千萬不可以違反，哪些行為會遭到監控。然後，藉由向公司成員分享破壞公司信任的事例——務必避免洩漏該名員工身分或事件的機密細節——就能讓公司團隊有機會學習如何避免在未來發生類似狀況。

遠距工作模式的確跟一般的工作模式不一樣。這種截然不同的工作環境會大大考驗企業內部與員工的信賴度，同時挑戰企業文化是否夠強韌。然而，卻有許多企業在轉換為遠距工作模式時，試圖在虛擬世界創造與在實體辦公室相同的工作程序與管理方式，因此可能會選擇使用監控軟體監看員工電腦，或者召開冗長、由公司領導者唱一小時獨角戲的進度報告會議。現實狀況是，如果要打造出色的遠距工作文化，公司領導者必須善加判斷，自家企業有哪些在實體環境可以順利運用的舉措在遠距工作環境裡根本行不通。

瓦爾．迪那加拉瓦和他在Beroe的員工就是這麼做的，他們從未理所當然的認為現實世界的一切放到虛擬世界都行得通。他們反而回頭檢討現有的行事準則，思考該採取哪些新舉措，並且順應新的工作場域，善用本章羅列的各項策略。

如果能夠謹慎的在公司策略上刻意作調整，幾乎所有企業都能在遠距工作環境裡蒸蒸日上。某些公司會表現不佳，其實是因為他們處理工作業務的方式早已過時又缺乏彈性。

對大多數企業組織來說，遠距工作似乎是一大挑戰，但這對企業領導者來說其實也是不可多得的機會，讓他們可以誠實面對自家企業在迎戰未來的路上應該做好哪些準備，而不是面對挑戰就退縮、緊抓舊有的作戰策略不放。

第六章　團結力量大

大家自然而然的把遠距工作和孤獨疏離的感受連結在一起。也有很多人以為，轉為遠距工作模式，會使員工之間的連結及溝通出現問題，同時還會導致員工喪失對公司的歸屬感。對於只有少數員工遠距工作的公司來說，或許真是如此——在家工作的少數員工可能會擔心自己脫離了歡樂的辦公室生活。

但我們其實可以完全避免這種因脫離公司而產生的疏離感，只要問問傑克森·勞倫斯（Jason Lawrence）就知道了。勞倫斯是SalesFix的創辦人兼執行長，他們運用Salesforce*軟體為客戶提供顧問服務，全公司總共有十五名員工，有些人在澳洲，其他員工則在菲律賓。以前，勞倫斯的工作團隊分別位在三個不同的據點營運，勞倫斯自己在位於布里斯本（Brisbane）的總部工作，另外還有位於墨爾本和菲律賓的兩個據點。但據勞倫斯表示，SalesFix在二〇二〇年三月關閉實體辦公室後，有趣的事情發生了。

勞倫斯表示：「現在我們三個工作團隊的工作狀態比以前更平等，以往在三個不同地點各自獨立的工作團隊如今合而為一。」因為讓員工在家工作，SalesFix促使員工進而以跨國企業的型態工作，而不再是分處三地的獨立團隊。公司上下油然而生一股互相分享、團結合作的精神，勞倫斯的團隊甚至使用名為Remo的應用軟體分享即時影像，讓公司成員能看到彼此工作的畫面。

「我自己工作時，鏡頭幾乎是從早上八點到傍晚五點隨時開著，即便我離開了辦公桌也不例外。」勞倫斯說：「員工可以清楚看到我在不在辦公桌前，因此可以像我人就在辦公室裡一樣，直接判斷是否可以找我說話。」

即便是在遠距工作環境下，勞倫斯依然讓員工可以輕易找到他。事實上，對於

＊ 譯注：一款以雲端運算為基礎的客戶關係管理（Customer Relation Management, CRM）軟體。

以往跟勞倫斯不在同一間實體辦公室工作的員工來說，如今的勞倫斯反而距離他們更近了。此外，為了彌補以往在辦公室裡同事之間增進友誼的機會，勞倫斯和員工們每週五都會進行九十分鐘的視訊電話，員工可以趁這個機會問問題，藉此更深入認識彼此。

儘管因為疫情影響，在非比尋常的情況下進入遠距工作模式，勞倫斯卻認為他的員工很可能未來都會繼續在家工作——他們甚至已經退租了墨爾本的辦公室。出乎意料之外，SalesFix 的員工雖然離開了實體辦公室，整個跨國團隊卻因此變得更加緊密。

就算是在遠距工作組織，也不該完全忽略培養人際關係和情感的重要性。就像我們前面幾章討論的所有策略，讓你的線上工作團隊彼此間緊密連結，需要花費額外心力去策劃。

這當然也包括創造實際面對面的情感聯繫。加速夥伴雖然是全面採取遠距工作的公司，我們依然時常刻意找機會碰面；包括跟同事一起拜訪客戶，以及時常參加講座和商展，此外還每年舉辦兩次的區域性會議及年度的全公司活動。

參加實體會議和團隊建立活動，對遠距工作團隊來說非常重要。老實說，因為遠距工作的員工實在太少同時出現在同一個場合，因此每次舉辦實體聚會——不管是一小撮員工聚會，還是全公司活動——都應該要盡可能使其發揮最大的影響力。

地點產生的影響

因為疫情而首次嘗試遠距工作的公司，大概都還沒在自家企業的核心市場區位或辦公室附近以外的地點招過員工。遠距工作組織其中一項最令人興奮的可能性，就是能夠招募來自世界各地的員工，但同時也必須面對各種複雜的情況，可說是遭遇重重阻礙。許多剛踏上跨國企業這條路的公司，或許都還沒意識到他們未來必須一路過關斬將，面臨各種挑戰。因為有了新的需求，嶄新商機也隨之出現。

妮可．薩因（Nicole Sahin）打造了致力於協助企業跨國任用員工的公司。她是全球支援顧問有限公司（Globalization Partners）的創辦人兼執行長，這是一家提供名義雇主（global employer of record, EOR）服務的公司，也是全球同類型公司中規模最大的一家；目前服務範圍橫跨全球一八〇個國家，已服務過超過一千家公司。全球支援顧問有限公司在二〇二一年賺進七．五億美元，在全球有上百位員工。

「名義雇主」負責協助企業在他們從未開設商業單位的國家雇用員工。名義雇主會在該國建立商業單位，負責處理所有薪資給付、員工福利、稅賦及其他在國際間拓展企業規模所需的種種程序。簡言之，像全球支援顧問有限公司這樣的名義雇主，讓業主可以在國外請人，卻免於花時間在國外開設公司，不必負擔各種龐雜手續和相應費用，同時也能確保這些企業遵守當地的法律行事。

那些想在美國境內拓展事業版圖的企業，也常在聘請員工上面臨了類似困境。就像不同的國家有各自的法律和勞工福利規定一樣，美國境內各州的法律和規定也各不相同。為了應付在各州境內聘用員工所需的條件，企業時常轉而尋求專業雇主組織（professional employment organization）協助，這些組織提供的服務跟名義雇主大致相同，只是範圍限於美國境內各州的聘雇事宜。我們也時常看到專業雇主組織後來發展為名義雇主的例子；因為拓展了服務範圍，進一步發展成擁有成千上萬名雇員的企業規模，尋求代理聘雇服務的小型公司也可以藉由這種企業規模，享有財富五百大企業（Fortune 500）的福利。

正因為有跨國聘雇的種種難題存在，才造就這種公司的生存空間。業主能夠輕輕鬆鬆的在不同州、不同國家、不同區域招募員工，為跨國企業帶來了重要的成長機會，對遠距工作組織來說尤甚。畢竟在全新的州境、國家或區域首次招募員工，對企業本身的組織管理來說可能會是一場可怕的災難。

如果沒有全球支援顧問這種公司的協助，企業想要在新環境聘請新員工，就要負擔開設新公司所需的巨額費用，還要花費數月的時間準備在該地開設實體公司。此外還得將當地新進員工的薪資、保險、福利計畫安排妥當，更別說還有稅務及相關申報程序要處理。這種情況下，最好的結果是在投注了大量時間心力後，各項事宜終於都安排妥當；最糟的結果卻可能是，一切都準備就緒後，卻發現當地的員工素質和商機不如預期，結果公司還得花時間心力將一切恢復原狀。

雖然遠距工作組織可以聘雇任何地方的員工，但依然要謹慎考量招募人才的地點、如何解決相應而來的挑戰。公司主事者如果沒有預先悉心準備，就得當心跨國招募員工可能帶來的潛在問題。薩因自己就曾在第一線見證企業發生過的恐怖故事，也實際幫助過這些公司脫離困境。

輕率以對

幾年前，全球支援顧問公司曾與舊金山一家快速成長的科技公司合作。這家公司——以下我將匿名處理這家公司的名稱——年收益超過一億美元，正準備進行首次公開發行（Initial Public Offering, IPO）。

過程中，這家公司進行實質審查＊，不久後竟發現一個重大問題：這家公司在全球聘請了數十位約聘業務人員，卻沒有在這些國家設立實體公司或進行正式公司註冊手續。這在企業合規程序上是重大疏失。

這些在國外聘請的銷售人員都是約聘工，薪水也都是透過像PayPal這種非傳統管道發放，因此不管是這些員工還是公司本身，都未在這些國家繳納應繳稅金。除此之外，這家公司也因為這種約聘行為違反許多當地勞動法規。

正如各位所想像，以上種種情形成為這家公司首次公開發行過程中的巨大阻礙。更慘的是，那些約聘員工發現公司與他們的聘雇關係危及首次公開發行，他們也想從中大撈一筆。這家公司試圖與約聘人員進行協商、討論補償事宜，並且努力在首次公開發行之前改變作法，遵循所有相關法律規定，但這些約聘人員卻利用這

＊譯注：due diligence，簽署合約及進行交易前，按特定標準對合約及交易關係人或公司進行調查。

個機會，趁人之危的大大敲這家公司一筆。

試想，這家公司本想拓展版圖，創造更多收益，並且將商業觸角遍及全球，卻反而將公司的未來置於危險之中。如果沒有事先處理好所有龐雜、耗時的法律相關事宜，企業就有可能在跨國聘雇員工時遇到這些問題。

最終這家公司與員工們，終於在首次公開發行前處理好所有的潛在問題。為了安撫所有的約聘員工，這家公司必須大幅調升薪資、提供免稅股票期權和其他福利。全球支援顧問公司出手協助，使這個過程推進得更加順利，之後也擔任這家公司的名義雇主，造就雙贏局面。

幸好，這個故事最終還是有個美好結局——該公司順利進行首次公開發行，獲得空前成功；但還是因為此事件耗費了超過一年的時間、大筆金錢和心力；然而，其實如果他們一開始就請名義雇主協助進行跨國聘雇，就可以避免種種麻煩。

節省時間與金錢

反觀，一開始就選擇與名義雇主合作的公司，不僅可以避免以上麻煩，也能加速公司成長。Magento 就是一個很好的例子，這是一家自二〇一五年起從 eBay 衍生出來的頂尖電商平台。

自從獨立成立公司後，Magento 決定拓展全球版圖，積極尋求商業機會，打算盡快在他們準備布局的國家雇用人才。Magento 一開始就與全球支援顧問公司合作，在十八個國家聘了八十五名員工，卻不必在當地設立實體公司。

與名義雇主合作不僅為 Magento 免去前文那家公司揮之不去的法務惡夢，也讓新員工能更快到職，幾乎是在這些員工一錄取後就報到上工，同時讓他們能爭取時間、更快的開始服務當地客戶。

能夠讓員工盡快到職工作，乍看之下沒什麼大不了，但端看業務類型，這項優勢其實可大可小。也因為業界成長率帶來的優勢，Magento 光是早了三天讓員工到職、開始工作，就獲得了明顯的實質收益。

在此之後，Magento 歷經了收購的磋商過程，他們在實質審查時並未在勞動契約相關問題上碰到任何鐵板。會如此順利，正是因為他們一開始就好好處理、把事情做對。整個收購程序進展快速，Adobe 以十八億美元將 Magento 納入囊中。

在商業世界裡，如果想盡可能抄近路，反而可能造成未來的麻煩。與其隨意在全世界聘員工，將可能造成的後果拋在腦後，等真正碰到了再處理，其實更應該謹慎思量聘請員工的地點與方式，並且在有需要時積極尋求名義雇主、專業雇主組織或其他專業人員的協助。

名義雇主及專業雇主組織在全球市場興起，讓各家企業能在從未涉足的新國家以最低的行政費用雇用少數幾名員工——不過，他們收取的費用可不便宜，通常要聘雇員工薪資總額的20～30％。然而，如果你想在自家公司尚未開疆闢土的新國家快速、便利的聘用少數員工，這反而是個省錢的好選擇。這些名義雇主組織也可以為你的員工提供良好的福利。不管是名義雇主還是專業雇主組織，都能夠將來自不同公司的員工匯聚成一大批雇員，有利於他們為工作者爭取更好的員工福利計畫。

我們在建立美國及國際團隊時都善加利用名義雇主的服務。各位可以上robertglazer.com/virtual 閱覽其他事例。

建立據點

我們剛設立公司時就決定全面採取遠距工作，當時我們也正好在拓展業務規模。因此只要有適當人選，我們樂於在任何城市、任何州、任何國家聘用人才。但我們後來也理解，這種模式會產生太多距離造成的困擾，對於我們想建立的世界一流企業文化來說也是一大障礙。如果每位員工之間的實際距離都太過遙遠，不管是想要讓員工齊聚一堂、舉辦實體員工旅遊、還是定期舉行員工活動，都需花費高昂成本和許多移動時間。

根據我們的經驗，聘雇人才的求職網站等資源其實也都圍繞著當地城市及人力市場打轉。雖然在這些求職網站上張貼求才資訊時，可以在工作地點設定「遠距工作」的條件，但我們其實不會只找那些刻意尋求遠距工作機會的人才面試，而且想要在「任何地方」聘雇員工其實比各位想像的還要困難。

後來我們想出了「建立據點」這個辦法，師法自航空產業普遍採取的策略；我也相信這正是可以在遠距工作與實體辦公兩者之間建立橋樑，並且打造世界一流遠距工作文化的祕密武器。

為了消弭傳統上讓員工到實體辦公室工作，以及員工四散在各處的遠距工作模式之間的差異，我們決定建立據點、形成網絡，在同一個地區聘雇超過十名員工，我們未來幾年的目標是使公司團隊80％的成員都位於這些據點。雖然我們並未在這些據點設立辦公室，但當地的員工距離主要機場都只有一小時左右的路程，不管是要出差還是旅遊都很方便。我們的目標是將據點設立在有大量公司所需人才、生活成本較低且對彈性工作模式有興趣的人口較多的地方。這也表示我們勢必會避開像紐約和舊金山這些城市。

薩因在全球支援顧問公司也採取類似模式。她在像波士頓、高威（Galway）、墨西哥城（Mexico City）、伊斯坦堡、印多爾（Indore）這些城市據點聘請大批員工。雖然薩因的公司團隊疫情期間才開始在家工作，但他們未來也會持續在這些據點招募新員工。

在據點城市集中招募員工，每位員工距離其他公司團隊成員就不會太遠，因此大家可以一起工作，員工也會更有動力主動舉辦社交活動。我們並不強迫員工與其他公司成員社交，但公司大部分的成員都會利用這項優勢並且從中獲益。大部分的據點城市每季都會舉辦一、兩場活動。

建立城市據點同時也讓遠距工作組織得以在招募新員工的最後一關進行實體面試。我們發現，雖然視訊面試在初期面談已很足夠，但實際面對面對談更能在最後一步把關，確認應徵者的各項反應與互動、性格和氣質是否適合公司。實際見面後，通常會大幅改變我們對應徵者的印象。

我們每年都會在各據點舉辦兩次會議，讓當地員工會齊聚一堂；公司也會派高層飛到當地，與大家共進午餐或晚餐、進行社交互動，同時討論如何讓公司更進一步。

也因為各據點都距離主要機場不遠，公司領導團隊的成員也可以很有效率的花兩到三個禮拜的時間，與全公司成員在一系列會議中好好坐下來開會。因為距離機場很近，那些並非居住在據點城市的員工要加入這些會議也不難。這套系統使員工感覺與彼此的距離更近，不僅可以跟公司領導團隊建立關係，也有利於員工即時、當面的提出讓公司更好的建言。

這種建立據點的系統，正是坐辦公室的公司文化，以及全面遠距工作這兩種形式間最佳的折衷方式。遠距工作的公司成員間才能夠擁有更多社交機會、建立人際關係，同時也能協助公司領導者掌握更多資訊，在任用人才上做出盡善盡美的關鍵決策。

也正因如此，薩因與她的工作團隊即便在轉變為更彈性的遠距工作模式後，依然會繼續善用這種建立城市據點的策略。就算公司還不打算完全拋開辦公室的存在，薩因也絕對會逐步增加公司在遠距工作上的彈性幅度。至少，建立據點可以讓轉變的過程更簡單，員工能更常在家工作，同時也有部分時間與住在附近的同事實際面對面。

重塑辦公室生態

面對面的互動與合作關係永遠都是工作的一部分，即便是遠距工作的公司也不例外。未來我們將見證各家企業試圖進一步探索更多遠距工作的可能性，勢必也會看到過去的辦公室環境歷經重塑、創造全新用途。有些企業組織會放棄以前固有的辦公室，轉而採用共享工作空間或是短期租用彈性工作空間進行不定期的實體工作；有些公司則可能會保留以前的辦公室，但轉作員工不定期需要在實體環境見面時使用，而非過去日復一日坐辦公室的工作空間。

對大家來說或許不意外——首家宣布將重塑自家辦公室生態的大型企業，正是雲端共享檔案平台的先驅：Dropbox。這家科技公司近期表示，他們公司將近三千名員工在疫情過後仍會繼續在家辦公，過去的辦公空間將讓員工進行合作計畫，或是舉辦團隊建立活動。為了使現有的辦公室空間更適用這種新的辦公室生態，他們將移除所有員工的辦公桌，打造出他們稱為「Dropbox 工作室」（Dropbox Studios）的空間。

「簡而言之，Dropbox 將成為以遠距工作為主的公司。」Dropbox 的人力資源副總梅蘭妮．柯林斯（Melanie Collins）在公司正式宣布消息後，向有線電視新聞網（CNN）如此說明。「這就表示，遍布全球的員工都將主要以遠距模式工作。但我們深知，想要建立傑出的工作團隊，人際連結仍然是不可或缺的元素，因此我們將致力於打造專門用來讓工作團隊齊聚一堂、建立公司社群的團隊合作空間，拋開過去在公司裡擺滿個人辦公桌的辦公室生態。」

柯林斯澄清，Dropbox 工作室並非只提供員工自由選擇在家或進辦公室處理日常工作的混合式工作空間，而是設計為專供必須面對面進行的活動使用，例如：

團隊建立、策略規畫、領導人才訓練及其他員工活動。雖然在辦公室處理的大部分工作都能在線上進行，但這些類型的活動還是在現實世界面對面舉行，對公司更有幫助。

這項安排會帶來許多益處。與其只讓部分員工遠距工作，令他們擔心自己無法享受到如其他同事一般在辦公室上班的樂趣，這種新措施多少能夠讓所有員工上班的狀態更加平等。此外，Dropbox的全新辦公室生態讓員工更能按自己的意願決定住在哪裡、在哪裡工作。

「因為這種以遠距工作為主的辦公室生態，員工擁有更多的自由，按自己的意願安排工作時間和工作地點。」柯林斯如此向有線電視新聞網表示。「因為採取了這項新措施，我們樂於鼓勵員工搬家；我們希望員工在自己覺得最適合的地方工作。」

Dropbox的例子正好證明了遠距工作與實際的人際交流其實可以魚與熊掌兼得。不管公司到底有幾間辦公室，仍然可以轉為採取遠距工作模式，將原本花在實體辦公室的開支重新分配到較小的空間，轉而把實體空間提供給公司成員在團隊合作時使用，員工可以在那裡見面召開重要會議、進行實地訓練及團隊建立活動。

先前我們曾經用搬家來比喻，搬家的過程可以讓你知道哪些物品和家具對你來說才是真正重要，哪些東西就算丟了也沒關係；辦公室生活也可以套用這番道理。不管各位的公司規模是大是小，員工真的不需要每天風塵僕僕的聚集到同一個地方，只為了坐在各自的電腦螢幕前辦公，還要努力不害彼此分心。妥善安排機會，促使虛擬辦公室的工作者更常在真實世界碰面，同時細心規劃這些能夠真正影響員工的活動，反而更能使員工看出辦公室存在的好處。

我認為，未來會有越來越多公司跟隨 Dropbox 的腳步，不管是在網路上還是真實世界裡，都會盡可能為員工提供最好的工作環境；員工們則可以選擇大部分的時間避開通勤的麻煩，待在家裡舒舒服服的處理個人專案及工作項目，有時候則出門與同事實際碰面交流合作，當作一種調劑。在這種情況下，面對面一起集思廣益的會議或團隊建立活動就不再像以前一樣讓人覺得是種負擔——反而成為實際與共事的大家碰面、跟平常只會在視訊中打照面的同事建立友誼的大好機會。

這也正是另一個例子，證明因為疫情而被迫採取遠距工作模式的企業及員工，如果未來選擇繼續遠距工作，其實有值得期待的大好前景。比起以往為了辦公室空間而付出的大筆成本，公司可以花費更少的金錢租用，或設計專門供員工面對面建立情誼、團隊合作、學習訓練的空間。換句話說，這種方式可以讓員工擁有在辦公室工作的最大益處，又同時可以避免每天通勤及在辦公室被影響而分心的缺點。

年度高峰會

除了小型會議以外，全面採行遠距工作的企業應該認真考慮舉辦年度實體會議，員工可以藉此機會聯繫感情、參加團隊建立活動、深入了解公司願景、戰略計畫及自己在其中的定位。

大部分的企業——不管是採取遠距工作或在辦公室工作的模式——多少會舉辦

公司旅遊活動。我們公司則是選擇舉辦名為「AP年度高峰會」的實體活動，遍布世界各地的公司員工都會共襄盛舉，到同一個地點共度三天進行教育訓練及團隊建立活動。因為不需要花錢租辦公室，我們省下來的預算都可以花在這項活動上，創造能夠讓公司團隊關係更緊密，讓員工對公司未來更有展望的全面體驗。以下是活動行程範例：

十一月三日，星期天

全天——全球及美國西岸／中西部員工抵達活動現場

十一月四日，星期一

10:00　開放報到

12:00—14:00　午餐時間

15:00—17:00　介紹新員工

17:00——18:00 破冰時間／交流活動

18:30—20:00 自助式晚餐

20:00—23:00 晚間社交時間

十一月五日，星期二

6:00—8:15 自助式早餐

8:30—9:45 開幕式

9:45—10:15 休息時間

10:15—12:00 簡報欣賞

12:00—13:00 自助式午餐

13:00—15:00 團隊建立活動

15:30—17:00 員工演講時間

17:00—19:00 自由活動

19:00 — 20:00　自助式晚餐
20:00 — 23:00　晚間社交時間

十一月六日，星期三

6:00 — 8:15　自助式早餐
8:30 — 9:45　員工演講時間
9:45 — 10:15　休息時間
10:15 — 12:00　高層演講時間
12:00 — 13:00　自助式午餐
13:00 — 15:00　團隊建立活動
15:30 — 17:00　閉幕式
17:00 — 19:00　自由活動
19:00 — 23:00　晚餐及頒獎典禮

十一月七日，星期四

全天——快樂返家

這是遠距工作組織常見的慣例。跨國網頁設計公司 Automattic 每年都會舉辦為期七天的公司大會，全球各地的員工都會到場。這種一年一度的度假式活動，一部分是為了進行教育訓練，但或許更重要的目標是在員工之間培養互相分享及互相了解的心態。對遠距工作企業來說，這種會議是員工每年唯一能與全公司其他同仁聚在一起的機會，因此公司必須為大家創造出足以立刻產生深刻連結、樂於分享的氛圍。

我們二〇一九年度的高峰會就是很好的例子。當年我們聘請了世界知名的教育訓練顧問菲利浦．麥可南（Philip McKernan），帶領全公司進行他在世界各地發起、舉辦的知名活動「最後一席話」（One Last Talk）。在這項活動中，演說者會把當天當成是他活在這世上的最後一天，好好說出心裡的話；其他參與者則專心聆聽。不出所料，這項活動促使講者挖掘出心裡最深刻的真心話，分享給在場所有聽眾，甚至是那些他們根本不認識的人也不例外。我們認為這是個有趣的概念，很適合用在年度高峰會上。我們當然知道這項活動一定有其風險，但這同時也會為公司團隊帶來更深層的相互理解。

我們在公司內徵求自願發表演說的人，一開始我很懷疑到底會不會有人願意擔任講者。意外的是，竟然有八位勇敢的自願者，比我們原先規劃的講者人數多上一倍，因此我們挑選了其中四位，請他們花費幾個月的時間接受麥可南的訓練，他們為在高峰會上演說做足準備。這四位員工當天站上舞台，在全公司面前發表極度私密也充滿感情的演說——種種細節實在一言難盡，但這些演說讓在場所有人都真摯、深刻的了解發表演說的同仁們，以及他們每天努力工作背後的故事。在場所有人幾乎都聽得熱淚盈眶。

最值得一提的是，我發現經過了這些演說，整個公司團隊在高峰會剩餘的時間都變得更加敞開心胸。這些共事了好幾年卻從來沒有真正深聊過的同事，甚至剛加入公司幾天的新員工之間，相互分享的深度都提升到了另一個層次。

如果你身在遠距工作組織，這種深刻的人際連結比在茶水間閒聊更能建立良好的公司文化。我相信透過舉辦這樣的活動，公司同仁們即便大部分的時間都分散在世界各地，依然能建立更加緊密的關係。

我們同時也在AP高峰會融入公司的最高指導原則：活動的最後一天就是以核心價值獎（Core Value Awards）的頒獎典禮做為最完美的句點。這是我們每年最正式的活動，所有員工都穿上優雅得體的正裝，表現優異的獲獎員工則上台領獎。

我在第三章與大家討論過，公司核心價值不管是對於公司營運、評估及獎勵員工表現來說都至關重要，這也是為何我們要頒獎給最能展現公司核心價值的員工。獲獎者由全公司票選，由去年的獲獎者頒獎給當年度獲獎者。這場頒獎典禮對全公司員工來說都是絕無僅有的體驗。

選出這些核心價值獎的得獎者後，我們會啟動公司的「夢想實現計畫」，這項計畫的靈感來自馬修．凱利（Matthew Kelly）的《在清潔公司，發現夢想經理人》（*The Dream Manager*）及約翰．史崔勒基（John Strelecky）的《生命CEO：讓人生曲線永遠上升》（*The Big Five for Life*）這兩本書。我們會定期詢問員工對他們來說什麼最重要，並且用心傾聽他們的答案，同時也在每年的年度高峰會前開放申請計畫。蒐集員工的回應後，我們會選出幾位員工，為他們實現夢想或協助他們達成目標——在全公司面前宣布獲選的員工就是AP高峰會的閉幕活動。

我們已經執行這項計畫連續三年了，這段期間也協助幾位員工實現各式各樣的夢想與目標。我們送員工去上飛行課，幫助某位同仁成為當地大學的客座講師，聘請個人教練為員工設定目標並達成瘦身計畫。其中有些目標和夢想需要煞費苦心才能達成：我們曾聘請私家偵探，幫助某位員工找到他失聯已久的兄弟；也曾安排行程，讓公司同仁去埃及見她高齡九十歲的祖母。

對於獲獎者來說，高峰會的閉幕式是他們永生難忘的經驗，同時也讓在場的全體員工關係更加緊密。每次看到自家員工見證同事獲獎或獲選實現夢想，他們那種興奮又激動的神情總是深深打動我。這是我身為公司領導者最快樂的事情。

讓愛傳出去

最後我想分享一個故事，讓大家知道我如何讓公司成員的關係更加緊密。這也可以讓大家了解，遠距工作的環境下人與人之間也能擁有強韌的連結。

故事從我決定每天進行晨起儀式，藉此促進自己的工作效率開始。我參加過各式各樣的領導人才訓練課程，很多講師都建議大家每天進行晨起儀式，因此我決定每天早上空出一點時間靜心思考、寫作、讀有正向意義的書籍。然而，我遇到的問題是，現有的個人成長書籍和各種資源都無法真正影響我——那些東西對我來說實在有點太「充滿正面能量」了。身為一個創業家，發現市面上沒有適合自己的資源時，我的直覺反應是，那就自己創造吧。

我剛開始先每週寫一篇小啟示並與公司同仁分享。各位知道，我們是遠距工作的公司，雖然我們不在彼此身邊工作，但我依然希望創造出敦促公司團隊更進步、鼓勵他們努力追求目標的媒介，就像我在他們身邊一起並肩作戰、引領他們前進一樣。

我在二〇一五年首次向員工們發送這些小啟示，我稱這個儀式為「每週五的心靈加油」（Friday Inspiration）。我寫的文章內容精簡，有時候是自己發想的啟示，有時則是記錄當週對我影響格外強烈的事情。持續了幾個禮拜後，我本來以為沒人會讀這些東西，雖然我自己倒是寫得很開心。對我來說這就是完美的晨起儀式：我用心寫作、深刻思考，並且與公司團隊分享。

結果有員工告訴我，他們每週五都很期待收到這些小短篇，甚至還跟親朋好友分享。不僅如此，我們公司還有些同事表示，這些短篇文章成為鼓舞他們的力量，不管是去參加賽跑、思索長期人生目標，還是努力提升工作表現，這些文字都讓他們的生活變得更美好。

我們公司的成員會對這些文章特別有共鳴，是因為他們認同公司秉持建立美好人際關係的核心價值，而且他們努力持續精進自我、也為自己的人生與事業負責。不過我寫的文章其實並非只著眼於公司業務，所以我想，也許這些文字也能影響公司以外的人。因此我決定把這些內容跟大眾分享。

我辦了電子報，花五十元美金購買WordPress的網站模板，也把以前的文章放到網站上，然後每週五以電子郵件的形式將我的文章分享給更多人。一開始大家口耳相傳，在親朋好友之間轉寄電子郵件分享這些內容；後來因為實在有太多人轉寄這些電子郵件，我決定把我的小儀式更名為「每週五讓愛傳出去」（*Friday Forward*，www.fridayfwd.com）。

經過五年的時間，每個禮拜有遍布六十個國家、超過二十萬人次閱讀「每週五讓愛傳出去」的文章。這對我的事業和人生都產生了超乎想像的影響，我後來也因此寫了《人生煉金術》（*Elevate*）及《每週五讓愛傳出去》（*Friday*

Forward) 兩本書。

Covid-19 疫情期間我依然筆耕不輟，我也注意到讀者的回覆變多了。大家都關在家裡不能出門，許多人因此覺得孤獨、恐懼甚至憂鬱。「每週五讓愛傳出去」的文字內容雖然簡單，但也蘊含深刻意義，讓大家知道，即便我們不在彼此身邊，依然能夠擁有深刻的人際連結。

我會特別點出這件事，是因為我認為即便員工無法實際碰面，遠距工作組織的成員間依然有機會透過文字或電話、視訊來維繫關係。雖然不是面對面交流、建立情誼，這些人際關係依然意義深遠。

遠距工作環境下也能有真實、深刻的人際關係，不亞於實體辦公室能夠孕育的情感。如果能夠把握機會，投注心力創造面對面的實際互動，並且培養樂於分享、建立情感、真心相待的環境，即便是身處千里以外的同事之間，也能擁有源遠流長的情誼。

結語　未來在何方？

各位在思索本書羅列的各種策略及技巧時，可能自然而然會產生這個疑問：是否有哪些因素——例如國際版圖或員工數量——會導致公司規模太大而無法全員遠距工作？

要探討這個問題，就該問問巴斯．伯格（Bas Burger）。伯格是英國電信集團（British Telecom Group）子公司 BT Global 的執行長，英國電信集團在全球七十二個國家有大約七萬名員工，它們向全世界販售科技及網路解決方案產品，也為超過一八〇個國家的顧客提供服務。

BT Global 在 Covid-19 疫情重創全球前，就已經提供員工在家工作的選擇，但他們強烈建議員工居住在鄰近任一間分公司或消費市場的區域。伯格的跨國團隊特別注重面對面互動的價值，不管是內部會議還是與客戶或潛在顧客會面，他們都偏好實際見面討論。許多員工為了見客戶或與同事一起解決複雜的案子，必須飛來飛去。

「我們公司的生態就是，大家到處出差。」伯格解釋：「我們很重視實際碰面開會，而且我們公司定期舉辦很多活動。老實說，客戶也希望我們就在身邊，所以我們不能離客戶太遠。」

然而，因為疫情衝擊，BT Global 在猝不及防的情況下必須把整個跨國團隊轉換成七萬名員工通通在家工作的型態，也因此被迫面對艱難的處境。雖然公司必須迎接重重挑戰，但伯格本身就認為遠距工作其實也能很有效率，因此已經準備好面對困境、引領公司做出改變。

「我一直以來對遠距工作都抱持正面看法。我們公司絕大部分的員工都對自己的工作表現要求很高——他們絕不會偷懶。這些員工有事業野心、有抱負。」伯格說：「在這樣的企業氛圍下，遠距工作反而讓他們獲得工作的彈性，員工也因此有更多選擇。我覺得這樣也很好。」

伯格也認同遠距工作能夠成功的其中一項關鍵要素——只要有適當的支持系統及到位的企業文化底蘊，任何規模的企業都能適應遠距工作模式。

BT Global 的國際版圖在 Covid-19 疫情席捲全球時成了一把雙面刃。位於東亞的分公司首當其衝，但也因為有了這個前車之鑑，全球團隊才有判斷病毒影響的依據，隨及逐步轉為遠距工作模式。直到連歐洲與美國辦公室都因為疫情而被迫關閉，伯格的團隊已經爭取到了足夠的時間，做足準備面對業界快速迫近的新常態。

在某層面上，這家公司的規模、國際觸角和資源，都成為它能夠比那些較為短小精幹的公司更快速適應遠距工作的籌碼。BT Global 在中國第一線見證了疫情如何打破業界生態，他們也運用這份經驗為其他地區面對疫情的衝擊做準備。

身為銷售數位溝通工具的業者，BT Global 早已具備遠距工作所需的各種科技配備：員工人手一台筆記型電腦，公司的客戶服務專員也可以使用雲端服務中心在家為客戶提供服務。後來公司團隊也認清，這種在家工作的日子暫時沒有改變的可能，但公司只需要為員工準備簡單的辦公室設備如鍵盤、螢幕和其他配件，就可以使營運順暢無礙。BT Global 身為網路安全解決方案供應商的領導者，深知把公司營運從可控制的辦公室環境移植到員工各自在家工作的框架下，對於公司的資訊安全會產生隱憂，這種轉變等於給了駭客一個全新的攻擊目標。然而，畢竟這就是他們的老本行，因此他們也常建議全球各大公司致力於保護公司資產、資料——當然，也要保護員工。

乍看之下，我們可能會以為小公司在改採遠距工作型態上比較占有優勢，請員工打造居家辦公室、為員工解決問題更加容易；為十七個人建立順暢的溝通管道，也比想辦法讓七萬個人互相溝通來得簡單。然而，BT Global 的例子讓我們知道，大型企業在轉變為遠距工作環境時也有其優勢——他們在不動產、人力、科技設備及國際交流上已具備龐大資源。錢都已經準備好了，他們只要將這些豐沛資源調動到遠距工作模式下使用就好。

BT Global 雖然身為本書目前為止所提及規模最大的一家公司，伯格卻表示，他們的工作團隊也從遠距工作得到了與其他小規模公司相同的意外收穫。其中最大也最令人意外的驚喜就是，遠距工作為原本龐大且階級、地理位置壁壘分明的工作團隊，帶來「民主」的新氛圍。在疫情襲擊之前，BT Global 是一家混合型企業：大部分員工在寬敞的辦公室工作，有一群員工則是在家或是分公司上班。全體員工都遠距工作，則為所有人創造了過去從未有過的共同體驗。

「過去不常待在辦公室，或是幾乎都遠距工作的人，都很愛這種體驗。」伯格表示：「每個人透過螢幕看見彼此，所以不再有人因為待在家工作而產生罪惡感。而且在這樣的環境下，大家雖然無法同時在辦公室，卻覺得距離彼此更近了。我們也能更快速的完成工作。後來我們甚至想問問自己，『以前到底為什麼有那個時間去辦公室上班？』」

過去數十年來，因為數位化的溝通形式出現，國際間旅行更加容易，所以有越來越多企業跨足世界。但不管規模大小，各家企業——包括我們自己——都很少停下腳步思考這些差旅成本是否真的值得？直到疫情出現，才迫使大家重新審視以前視為常態的一切。

因為疫情，出差不再是可行的選項，伯格和他的公司團隊卻看出了其中的好處。員工不再需要把珍貴的工作時間花在堵塞的交通、機場裡、飛機上。他們也因此更主動直接找彼此幫忙，同事們不再一天到晚這裡跑、那裡跑，反而創造了全新的合作機會。這家公司過去認為出差及面對面合作是工作的必要元素，但撇除了這些條件後，實際上卻使工作團隊運作得更好。

但我要聲明，這種效率並非不需任何代價就會自動出現。伯格和他的團隊可是投注了大量心力，重新評估並調整公司營運策略，以適應新的遠距工作狀態。他們也因為遵循了本書前幾章提到的各階段策略和手法，才能成功。

他們公司的管理階層很早就意識到，必須更積極的與員工溝通，才能真正知道大家遠距工作的情況。因為不像過去可以面對面確認工作狀況，管理層需要找到新方法檢視公司是否妥善利用人力資源、工作量會不會太大、或是員工是否對公司不滿。

企業也必須思考，如何在完全遠距工作的情況下管理員工績效。伯格和他的團隊很快就理解到，他們必須更注重工作成果，而不是注意員工在幹嘛。

「我們決定不要花費比以往更多的心思監控員工上班時的舉動。」伯格繼續說明：「我們現在更著重在管理績效上，衡量員工達到的工作成效，並且根據這些指標判斷公司到底是否妥善運用人力資源。」

正如同本書前幾章所闡述，企業規模不論是大是小，該注重的都是實際工作成果，而非員工到底花了多少時間和心力。不管是遠距工作或者進辦公室工作的公司，都應該遵循這個原則。員工如果清楚知道公司對他們的期許，就會更樂於工作，對公司的忠誠度也越高；公司如果能設定明確的標準，讓員工知道該為自己的工作負責任，公司也就能擁有更好的成績。

因此我得再重申一次：不管公司的工作型態是在辦公室還是在家，**注重工作成果**都是最好的管理方式。我們很常看到，坐辦公室的工作型態導致主管管理風格霸道、事事干涉；員工覺得有壓力，一定要達到某些工作時數、加班到很晚或是週末還要上班——這種監督方式在遠距工作環境下根本行不通，因此許多這種風格的公司領導者在疫情下遇到管理的困難。那些比較在意公司團隊工作實績的主管反而更能順應時勢、成功調整。

疫情帶來一項好處，它迫使許多公司不得不優先以工作成果衡量員工表現，就像伯格和他的工作團隊所面對的情況一樣。BT Global信任自家員工不會故意躲工作偷懶，即便員工不在辦公室、在沒人監督的情況下，他們也相信員工會認真上班。

然而奇怪的是，許多遠距工作的員工可能會刻意讓自己看起來好像很忙，藉此證明他們有努力工作。舉例來說，伯格和他的管理團隊就發現有些員工非常積極承擔更多工作，卻反而因此把力氣花在沒那麼必要的事情上。企業領導者必須想辦法重新引導員工，把他們浪費的力氣用在對公司更有益處的地方；否則，大家就會為了根本無法產生實際價值的事情把自己累壞。為了忙而忙，不管對員工還是公司來說，都是全盤皆輸的局面。

身為遠距工作者，一定會時常感受到必須力求表現，讓自己顯得對公司很有用，特別是在大環境經濟不穩定的情況下，這份壓力更是明顯。遠距工作者可能會因此習慣性的開不必要的會、發無關痛癢的電子郵件給同事，刷一下存在感。企業領導者必須要有足夠的判斷力察覺這種風氣，並且敦促員工改掉這種沒有實際成效的習慣。想解決這種問題有個好辦法，就是讓遠距工作的員工覺得自己跟其他同事更加親近。員工們在有機會跟同事社交互動時，就不會覺得自己跟大家那麼疏離，也感覺自己更有存在感。

伯格和他的管理團隊鼓勵員工們講視訊電話促進同事情誼，不談公事，只聯絡感情。這種線上聚會是為了讓公司各團隊與每位同仁建立情誼，就像以前在辦公室裡一樣；這些活動的作用就和同事間約喝咖啡、在工作結束後小酌一番或其他社交活動一樣。遠距工作也促使伯格與跨國團隊的更多成員產生聯繫，他可以在網路上加入像以前在辦公室的那種「茶水間閒聊」，花個五分鐘的時間讓員工感受到他的存在。

因為 BT Global 在全球都有辦公室，一定會有某些地區疫情較早趨緩、恢復安全，足以讓員工回到辦公室上班。屆時伯格就會重回過去帶領混合型工作團隊的情況。即便如此，過去的平衡必然會有所改變，因為在歐洲及美國地區的疫情平緩下來之前，還是會有比以前多更多的員工必須遠距工作。這種狀態對企業來說又會帶來其他挑戰。

伯格和他的管理團隊目前正在評估，如何才能讓公司的遠距工作策略維持最佳狀態並繼續運作下去。他深知，自家公司的領導團隊見識到遠距工作其實可以非常有效率以後，BT Global 的遠距工作比例勢必會增加。事實上，公司本身早已跟上未來會有更多員工選擇遠距工作的趨勢，隨之調整他們持有不動產的策略：減少持有實體辦公室的數量，想辦法將辦公室的公共空間與用來開視訊會議的會議室都轉換成多功能空間。

伯格認為，實體辦公室在職場裡還是不可或缺。因為人類天生就需要社交互動，大部分人也是在跟同事面對面一起集思廣益的情況下，才比較能展現自己的創意。

然而，在做這些調整的同時，也必須考量不同條件的員工會有不一樣的需求，特別是年齡層之間的差異。伯格提出了他的預測，他認為年輕族群會比較想在辦公室工作，一部分是因為他們的住宅空間很可能不夠大，無法創造舒適的居家辦公環境；另一方面是這些員工也通常比較喜歡需要時常出差的工作型態，因為他們家裡通常還沒有另一半或小孩需要花時間陪伴。

為了讓在家工作的員工更加得心應手，伯格特別表示，企業必須盡心盡力為每位員工準備好居家辦公環境所需的各種資源。例如內建容量的優質網路路由器，如果員工家裡的頻寬不足，可以自動轉換為4G網路連線；還有智慧資訊安全服務、雙螢幕顯示器、人體工學椅及其他可以讓遠距工作更舒適、工作效率更出色的各種辦公配備。伯格甚至進一步提出，企業可以計算以往用來租辦公室的支出成本，然後將這筆錢除以該辦公室的員工數量，再將每位員工可以分配到的金額用來大幅升級他們的遠距工作空間。

不管BT Global未來會選擇哪種工作型態，伯格都肯定自家公司勢必已經與疫情之前大不相同。特別是他和管理團隊都很開心，未來公司如果成為以遠距工作為主的工作型態，他們就可以拋開國境限制，以全球視角尋找他們需要的人才。

BT Global 就是大型企業在遠距工作模式下依然能如魚得水的最佳案例。雖然改變不是沒有代價，但它們依然在客戶服務、公司產能及員工忠誠度各層面上保持最佳水準。更甚者，伯格和他的團隊展現出遠距工作可以使企業在遍布全世界的據點之間建立更緊密的關係，讓每位員工的互動更加平等。

許多公司以往可能有這種情況：大部分員工在辦公室上班，只有一小部分員工遠距工作。在這種工作形態下，遠距工作的員工通常會覺得自己跟公司的其他成員產生疏離感，也認為他們錯失了在公司裡與同事社交互動的體驗和機會。

事實上，許多人對於遠距工作的負面觀感，就是因為這種只有少部份員工在家工作的情況而產生。在這種情況下，遠距工作的員工會覺得自己好像是孤立於公司其他人以外的小團體，因此醞釀出「我們和他們」族群對立的心態。大部分的企業都會忽略這種狀況，沒有想辦法協助這些身為少數族群的遠距員工提高忠誠度，並增加他們的歸屬感——不管是對其他同為遠距的員工，還是那些坐辦公室的同仁來說都一樣。

在混合了實體辦公室與遠距工作型態的企業裡開會，有時候會特別尷尬。因為有些企業會試圖藉由在會議室裡架設鏡頭和麥克風，讓遠距工作者加入辦公室裡的實體會議，但這種方式其實是適得其反。

加入這種實體會議的遠距工作者無法看清楚在場所有同事。正如同伯格所說，在遠距工作同仁的螢幕裡，大會議室裡的每位同事看起來都只是一個個小黑點，有時候會議桌上的麥克風更無法清楚接收到每位發言者的聲音。遠距工作的員工身為少數未實際在場開會的人，對所有與會者發言可能會很不自在。因此伯格建議，即便員工人就在實體辦公室裡，也應該請他們用各自的電腦以視訊形式參加會議，這樣就能使遠距工作的員工更融入會議。

然而，如果整間公司都採用同樣的工作型態——不管是大家都進辦公室工作，還是全面遠距工作——這種問題就不復存在。即便是規模龐大、全球有上千名員工的企業，都能藉由遠距工作讓所有員工擁有更平等的職場環境。企業領導者在規劃公司未來遠距工作策略時也必須銘記這一點：如果公司裡只有少數人在家工作，通常會加劇遠距工作造成的疏離感。

不適合遠距工作的產業

前文提過，只要建立良好的基礎及適當的工作程序，**大部分**的企業都能適應遠距工作模式。然而，的確某些產業不那麼適合遠距，除非遠距溝通及協作科技有革命性的突破，不然這些產業的核心業務模式確實難以遠距工作。

例如：製造、公共設施、景觀、營造及餐飲服務——這些對實際人群接觸有高度需求的產業，就難以轉換為全面遠距工作的業務模式。雖然這些企業裡或許有許多負責營運、銷售、行銷及高級管理層的成員可以在家工作，但這些產業負責提供公司核心產品和服務的員工卻依然到實體工作地點上班。因此，這些公司必須避免只允許部分員工遠距工作，而其他員工卻無法這麼做的情況發生——這會讓員工對公司的態度產生誤解，從而分化員工，形成我們和他們的對立氛圍。如果這些企業想要允許部分員工遠距工作，務必制定好規範，規定遠距工作的同仁必須有一定的時間待在實際工作場域，藉此與其他公司團隊成員建立更深厚的信賴、連結與溝通關係。

藝術或創意產業的企業可能也很難適應遠距工作。因為創意團隊要透過遠距工作模式合作實在太過困難，建築、設計、時尚、藝術及音樂領域的工作者，通常還是比較偏好面對面與他人合作的工作模式。

最後，是那些仰賴大量跨部門團隊合作來營運的企業，遠距工作對他們來說也是相當大的挑戰。舉一個明顯的例子，負責研發產品的工作團隊通常還是比較適應實體的工作環境，因為大家可以在同一個空間實際摸到、看到產品原型，也能實際通力合作更動產品設計。

在遠距工作環境下，共事者之間想要培養合作的工作流程、互相理解想法、產生對於工作的歸屬感，需要花更多的時間心力。如果你的公司每展開一個新專案便讓員工更換所屬的工作團隊，大家就必須一直建立新的合作習慣，可能反而事倍功半。

雖然有許多企業的確能在遠距工作的環境繼續發光發熱，但企業領導者務必謹慎思量，轉換成遠距工作模式對自家公司的職場環境及業務性質來說，到底適不適合。自知之明是領導能力的必要元素。對公司領導者來說，這份自知之明就代表他們必須真正理解自家公司的業務需求，並且審慎評估遠距工作模式是否能恰如其分的迎合這些需求。沒有經過細膩考量就直接投入遠距工作模式，可能會帶來長期的不良後果，所以各位務必三思而後行。

昭告天下

我們現在已經知道，企業文化得從領導者開始、由上而下發展，企業領導者如果了解自己、知道自己要什麼，才能有最佳表現。身為企業領導者，如果能清楚定義什麼對你來說最重要，而且也能很有自信的跟其他人分享自己的觀點，就已經取得建立絕佳職場的致勝先機；這份自我覺察也會完整定義你的企業。一家了解自己的公司，才會有獨一無二的觀點，這份觀點會為公司建立其獨特的目標、願景及價值，同時也能夠與自家員工、客戶、合作夥伴及求職者分享這些企業特色。

正如同我們在前幾章所探討的，找到適合的員工，對於企業的良好體質來說至關重要。這也是為什麼我很愛「昭告天下」這個大原則——身為一家企業，各位務必向全世界宣告你們公司重視的價值和工作模式。這樣一來，擁有同樣價值觀的人就會被你們的企業環境吸引，進而想要加入你們的工作團隊；那些不欣賞這些價值或規範的人也會知道，你們不是合適的雇主或合作夥伴。

加速夥伴多次在 Glassdoor 上獲選為最佳職場，我們雖然的確收到許多正面意見，但是藉由觀察大家分享的缺點或工作挑戰——很多來自正面意見回饋——就可以看出我們是一家什麼樣的公司，以及我們所推崇的價值為何。

「在家工作真的很棒，但千萬別以為這份工作很輕鬆。」
↓
「這是一家代理商，工作步調真的很快，可能不是所有人都能適應。」
↓
「在全面採遠距工作的公司上班，你真的要非常自動自發。」
↓
「步調非常快的工作環境，工作堆積如山。」
↓

大部分的公司都能藉此對照自身特點，辨識出不適合加入自家公司的人格特質，並藉此定義組織的業務性質，所以一定要隨時讓上門應徵的求職者知道，加入你們工作團隊以後工作的真實面貌。在遠距工作的世界裡，這一點格外重要：你無法直接帶應徵者參觀美輪美奐的辦公室環境、看見活力四射的員工、讓他們直接感受你們的公司文化。所以你必須讓應徵者清楚了解企業核心價值——包括公司重視什麼、絕對無法容忍什麼。

遠距工作的未來

試想：在一個精緻到足以成為知名影集拍攝場景的辦公室工作——整整一年的時間，這正是霍克傳媒（Hawke Media）的執行長艾瑞克．胡柏曼（Erik Huberman）與他的工作團隊享有的辦公環境。

這家位於洛杉磯的行銷代理公司創辦於二〇一四年，不久就擴展至超過一六〇位員工的企業規模，也因為其頂尖的行銷手法及影響力而擁有良好商譽。為了打造符合公司優良服務品質的工作環境，霍克傳媒斥資超過美金一百萬元、花費兩年時間創造出彷彿為他們量身打造的辦公室空間，並在二〇一九年完工，室內充斥著時髦辦公家具品牌 Vari 如藝術品般的各式設備，還有可以供全公司齊聚一堂開會的大講堂、個人電話包廂及會議室。

「辦公室裡的一切設置都是為我們公司的營運特色量身打造的，」胡柏曼表示：「整間辦公室顯示出我們認真看待事業的氛圍，也包含許多對霍克傳媒未來展望的象徵意義。」

當時，幾乎全公司員工都在這個豪華的辦公室上班，胡柏曼更是把辦公室當成自家最獨一無二的特色。這間辦公室的裝潢甚至時髦到連HBO都表示想在那裡拍攝《矽谷群瞎傳》（*Silicon Valley*）最後一季的意願。

就在霍克傳媒搬進新辦公室正好一年，Covid-19疫情重創全球。

二〇二〇年三月因為疫情席捲加州，霍克傳媒只好讓所有員工在家工作。疫情來襲之前，胡柏曼根本不認為遠距工作適合他的公司，他認為在辦公室裡實際碰面所建立的友誼及合作關係不可取代。然而，公司員工倒是很快就適應了，公司業務也在受疫情影響而疲軟不振的經濟環境下持續成長。更重要的是，後來胡柏曼調查工作團隊的意願，在疫情過後是否願意回到實體辦公室上班，卻有超過80%的員工持否定意見——**無論職位高低**。

胡柏曼與他的管理團隊認真聽取員工的意見，最後霍克傳媒決定放棄他們世界級的豪華辦公室，在疫情過後持續維持遠距工作模式。雖然某些主管曾經嘗試敦促下屬們回到辦公室，重返他們投注了大量時間、心力與金錢打造而成的華美辦公空間，但胡柏曼也理解拋開過去、展望未來的重要性。儘管當初投資了那麼多資源，但他絲毫不後悔。

「一年前我們確實需要那個辦公室。但現在世界已經改變了。」胡柏曼說：「我們得接受事實，錢花都花了，別再糾結。」

全世界各企業都在面對胡柏曼與公司管理團隊所遇到的相同問題：遠距工作的未來到底是什麼樣子？現在我們經歷過遠距工作的全球性實驗了，新世界的常態到底是什麼呢？

答案是，工作彈性依然會是吸引遠距工作者的必要條件，特別是如果Covid-19持續對大眾健康安全產生威脅，大家對於待在大城市、人口稠密區又依然有疑慮的情況下，更是如此。我們務必記住，即便某部分員工甘冒被病毒侵襲的危險前往辦公室上班，還是有部分員工面對病毒所承受的風險與威脅更高，或許無法在短期內回到辦公室。

當然了，有些工作者一直期待倒數著能夠回到辦公室工作的那一天。然而，同一家公司的其他員工，也很有可能發現自己比較喜歡遠距工作，甚至因為公司在疫情過後不再允許遠距工作，而寧願另外找工作。這點或許特別容易發生在過去這段時間因疫情從都市搬到郊區的員工身上，他們與辦公室之間的實際距離又比過去更遠了。

因此，不管各位身為企業領導者還是管理團隊的成員，都必須想清楚自己到底想打造哪種企業；不僅要考慮自家公司的業務適合哪種型態，也要把員工的需求放在心上。或許你會發現，自家公司並不適合遠距工作，因此願意放手一搏承擔競爭風險，與賦予員工更多工作彈性的企業一較高下；也或許你會下定決心，認為實體辦公室所需的設備成本和缺乏彈性工作模式，無法讓你的公司團隊繼續成長茁壯，因此決定繼續維持遠距工作模式。

未來，混合實體辦公室與遠距工作的企業型態會越來越普遍，讓員工自由選擇是否遠距工作，同時保留小型辦公室空間，供實體會議、團隊協作及社交活動使用。過去十年來，持續影響辦公室生態的旅館式辦公*，也有利於這種企業架構形成，像WeWork這種共享辦公空間就相當風行。辦公室不再只是擺滿既有辦公桌椅的空間，而是可以設計得更有彈性，足以應付各種工作行程及會議用途的多功能場域，就如同Dropbox打頭陣創造的全新辦公室生態那樣。整體來說，企業因為知道所有員工不會都同時待在辦公室，從而縮小辦公室的規模。規模達一百位員工的公司或許會將辦公室規劃為可容納五十名員工的空間，因為隨時都會有多數員工在家工作。

正在探索上述這種混合式辦公空間的企業領導者必須了解，這種辦公室型態必須投注大量心思與心力才能順利建立，與打造遠距工作環境所耗費的精力不相上下；混合式的辦公型態也必須具備良好的策略才能成功。混合式企業必須為員工建

* 譯注：員工的辦公桌、座椅非固定形式，辦公區域可以按需求動態安排配置。

立明確的期許與規範，清楚規定哪些時候員工可以遠距工作、哪些時候得待在實體辦公室。企業領導者也必須謹慎規劃舉行實體會議及發起團隊合作的時機，而不是突然急忙的把員工叫到辦公室。最重要的是，務必確保那些較常在家辦公、只有少數時間待在辦公室的員工，不會因此錯失他們的表現工作能力與受到肯定的機會。

以往都在實體環境辦公，卻因為疫情轉為全面遠距工作的企業，不能只因為想讓大家開心，就把混合型辦公的工作型態當成折衷方法。身為企業領導者，務必要在徹底考量所有利害關係人的最佳利益後，再決定採取何種模式。對於企業來說，建立勞資雙方都開心的工作環境非常重要。

任何企業的下一步該怎麼做，其實都沒有絕對的正確答案。但唯一可以確定的是，企業領導者應該要選擇讓員工開心、對於業務模式及顧客來說都合理的經營策略，同時不管是在建立企業文化還是招募人才這兩方面，都能穩定的長期發展。各位務必做出清晰明確的抉擇，也必須認清，不管做了什麼決定，都有可能流失不認同、不喜歡這些新策略的員工——但這無傷大雅，各位只要面對改變做好準備、努力站穩腳步而不是試圖討好所有人就好。請各位一定要記得，如果缺乏良好的策略或妥善的資源，幾乎沒有任何一家公司能夠成功。

在經營公司的時候，一定要小心避免陷入沉沒成本謬誤（sunk-cost fallacy），千萬不要單純因為已經投注了大量資源而捨不得抽身，卻在錯誤的路上走到底。世界因為疫情產生了巨大改變，各項產業也從根本上出現改變，不管是商業模式還是大家過去所認知的常態，都不復存在。就算你已經投注大量時間、資源、精力在打造辦公室基礎設備上，也不代表實體工作模式在未來依然是最佳選擇。霍克傳媒的管理團隊也一定從來沒想過，他們會樂於放棄那美麗又嶄新的辦公室，更別說那還是他們企業文化的核心。然而，傑出的領導者與企業都願意付出艱難抉擇的代價，只求公司業務未來能有最好的發展——他們不會緊抓著過去的榮光不放。各位一定要帶著展望未來的心態，為你的企業或管理團隊做出決策。想想，目前為止產生的所有改變，以及未來即將面對的一切，然後誠實的問自己：公司未來十年到底應該往哪條路走？

現在許多公司都站在同樣的十字路口上，這在業界來說是相當罕見的現象。此外，現在我們終於有理由相信，從人事與其他資源都能得利的角度來看，自家企業的確有可能永久轉變為遠距工作企業。

正如本書所提及的領導者與員工們，我們可以學到，在決定職場的未來上，勞資雙方都有自已得扮演的重要角色。顯然，想要遠距工作的員工未來會有更多機會採取這種工作模式；那些原本以為可以一直在實體環境工作下去的公司，端看各產業界的型態差異，很有可能面臨願意進辦公室的人力資源短缺的問題。也就是說，許多第一次採遠距上班的員工，嘗到甜頭就回不去了。

在家工作帶來的彈性，讓員工可以自由調整生活中其他重要層面受工作影響的程度。有些遠距工作的員工運用全新工作型態所帶來的彈性，一次出門就旅遊好幾個禮拜；白天認真工作，晚上和週末可以探索新環境。他們不必再擔心通勤問題，因此可以搬到新的社區、城市，甚至是移居到不同的國家。以前，許多人夢想著心目中的理想生活，遠距工作模式讓實現這份夢想變得更有可能。

甚至只是細微的、小規模的變動也彌足珍貴——多一個小時的睡眠時間、能夠建立更完整的晨起儀式、有機會把每天的午休時間換成午後的慢跑時間或去上瑜伽課。然而，這種轉變背後所需付出的代價，不見得所有人都願意接受——某些工作者還是希望能夠進辦公室工作、面對面跟同事交流。

在世界劇烈變動的情況下，企業領導者絕不能毫無準備；畢竟供需法則就是相當強大的力量。數十年來，我們對於辦公室設立在市郊或城市樞紐習以為常；然而，各大公司現在卻必須思考，遠距工作對於員工來說是相當誘人的新選擇，特別是在他們因為年紀漸增而慢慢搬離都市的情況下。

近代社會下每個世代都依循著相同的軌跡：隨著年紀增長，成家後會視生活空間及有院子的房屋為優先選擇，放棄城市五光十色的繁華生活移居到市郊。即便是以晚婚、晚買房聞名的千禧世代，也遵循這個趨勢。據布魯金斯學會（Brookings Institution）的研究指出，市郊的千禧世代人口成長速率比都市的千禧世代人口成長速率來得更快。

這種趨勢在遠距工作模式出現但尚未普及的時候就已經存在。千禧世代的工作者每天要從位於市郊的家移動到都會區的辦公室，他們將通勤的麻煩視為在郊區擁有寬敞舒適的生活，同時確保充足就業機會的必要犧牲。隨著遠距工作的機會越來越多，也為工作者帶來以往不存在的各種人生選擇。隨著年齡增長至三十、四十、五十歲，渴望在郊區生活或根本已經搬家到市郊的資深上班族們終於可以完全拋開通勤的麻煩，選擇更適合他們生活型態的遠距工作模式。

我們也預期，房地產開發商與不動產仲介不論在都市或郊區都會陸續推出有許多辦公空間的住宅物件，包括隔音、採光、綠幕都成為雙薪家庭伴侶在購買不動產時考慮的必要元素。

我們也認為，從郊區移動到都會區的人口數量將會減少。當然，還是會有人選擇住在都市裡，但那是基於他們對生活、社交與工時型態喜好的自主選擇。對於那些想離開都市到郊區生活的人來說，我認為他們不會想再花大把時間通勤，反而比較渴望在家裡工作，這種趨勢影響許多身居公司管理層或高層的人——公司打算如何應對，吸引並留下這些資深人才呢？

Covid-19為社會帶來了極端異常的現象，但企業領導者依然必須做好準備，迎接未來遠距工作人數會急遽增加的可能性。主事者也必須評估是否要將自家企業轉變為部分或全面遠距工作，藉此在全新職場常態裡與其他競爭者爭奪順利營運必須具備的人才。對企業領導者來說，最重要的或許還是必須衡量自身企業文化底蘊、工作程序、策略及公司的各項基礎設施，藉此判斷如果想在虛擬辦公室持續蓬勃發展，需要改變哪些作法。

雖然我們難以斷言遠距工作帶來的變革速度有多快，但種種跡象都令我們深信，我們已經回不去那種實體辦公室稱霸的狀態了。當下就是各位捫心自問的最好時機：你和你的公司想如何適應這個新世界？

迎接遠距工作新革命

各位可能注意到，本書花了大篇幅講述遠距或其他形式的所有企業組織都必須具備的企業文化原則、工作程序及公司發展的最佳實務。事實上，想要建立蓬勃發展的遠距工作公司所需的核心要素，其實就跟所有表現出色的企業仰仗的優勢一樣。遠距工作不會改變這些核心要素對於工作成效有關鍵影響力的本質，反而會放大一家企業根本上的優勢和缺陷。

假如各位所領導或置身的企業擁有信賴、尊重的公司氛圍，不僅有優秀的公司領導者，也有明確的企業價值、世界頂尖的業務流程，轉變為遠距工作模式就只需要參考本書探討的全新雲端辦公室實例，以及在數位工具上投注資源，就能順利推行。然而，如果你的公司缺乏明確的核心價值，而且領導者還偏好鉅細靡遺、大小事都管的管理方式，不僅招募人才不力，公司氛圍又缺乏信賴感與負責任的態度，在這種情況下想要轉變為遠距工作模式可說是難如登天。對於這些公司及團隊來說，就算有提升生產力的技巧或遠距工作監控軟體，也難以促使員工在遠距工作下依然一展長才。

時間的流逝與各種逆境的考驗不會改變你我的本質，反而會使我們露出真面目與真本事——對於企業組織來說也是如此。各位可能會因為這些考驗而意識到，目前身處的工作環境真的有結構性問題，而且這些問題是在疫情出現以前就長久存在的，因為大家都在家工作而變得更明顯。企業組織如果希望維持在業界的影響力，就應該付諸行動好好處理這些問題。

我們現在已經站在工作模式轉變的風口。企業組織必須勇於誠實面對自己，願意為了改變企業體質，力求在遠距的工作環境出奇制勝，才能夠引領趨勢，吸引最佳人才。遠距工作的新革命正以前所未有的速度持續進行，即便疫情趨緩使得改變的速度減慢，我也不認為業界會回頭走上實體辦公室的老路。

差不多在未來十年內，每天進辦公室工作的模式就會跟掀蓋式手機一樣罕見。我們過去視為「正常」的工作環境與工作方式可能徹底改變。書中交互使用**在家工**

作、**線上工作**及**遠距工作**來描述在辦公室外頭工作的模式。然而，未來對於這些用詞的認知與概念或許會與現在完全不同——在遠距工作成為常態的未來，虛擬辦公室對我們來說就是「工作」。

想要打造所有人共存共榮的職場環境，每個人都義不容辭。付諸行動的最佳時機，就是現在。

謝辭

我要感謝加速夥伴無與倫比的夥伴們，包括麥特・伍爾（Matt Wool）和艾蜜莉・泰托（Emily Tetto），他們無私貢獻一己之力塑造了公司今日的樣貌及公司文化。

感謝米克・史隆（Mick Sloan）耗盡心思努力研究，勤懇、慎重的修改我的書稿，並且在快得出奇的時間裡完成本書。

感謝理查・派恩（Richard Pine）。艾莉西斯・赫黎（Alexis Hurley）及Inkwell Management 全體工作夥伴一直以來的支持。

感謝我的編輯梅格・吉本斯（Meg Gibbons），自始自終支持我的寫作之路和各種新點子。感謝多明尼克・拉卡（Dominique Raccah）、莉茲・凱爾許（Liz Kelsch）、摩根・沃特（Morgan Vogt）、卡維塔・萊特（Kavita Wright）艾琳・

麥克萊瑞（Erin McClary）及 Sourcebooks 團隊的全體成員。

最後，最重要的是，我要將本書獻給我的太太瑞秋（Rachel）及我們的孩子克羅伊（Chloe）、麥克斯（Max）和查克（Zach）。因為有他們的愛與支持，還有他們的包容，我才能專注在寫作上，努力為這世界帶來更多影響力。

作者簡介

羅伯特・格雷瑟

羅伯特・格雷瑟是跨國夥伴行銷代理公司「加速夥伴」的創辦人兼執行長。加速夥伴是全球規模最大、歷史最悠久的全面遠距工作組織。羅伯特長久以來秉持創業精神，樂於協助個人與企業建構持續成長的能力。

在他的領導下，加速夥伴榮獲許多產業及公司文化獎項，包括連續兩年榮獲Glassdoor的員工最佳選擇獎（Employees' Choice Awards）；在《廣告時代》雜誌（*Ad Age*）獲選為最佳職場（Best Place to Work）；連續兩年由《創業家》雜誌（*Entrepreneur*）選為最佳公司文化（Top Company Culture）、優質職場獎（Great Place to Work）得主；連續三年榮獲《財富》月刊（*Fortune*）選為最佳中小企業職場（Best Small and Medium Workplaces），連續兩年在《波士頓環球報》（*Boston Globe*）獲選為最佳職場（Top Workplaces）。羅伯特也連續兩年躋身 Glassdoor 最佳中小企業執行長（Top CEOs of Small and Medium Companies）的行列，最高曾榮獲第二名。

羅伯特的文字作品每年可觸及全球五百萬人，讀者對他從績效行銷及創業、到公司文化、能力建構（capacity building）、人才招募及領導能力都有涉獵的各種議題相當有共鳴。羅伯特也曾擔任《富比士》雜誌（*Forbes, Inc.*）、Thrive Global、《創業家》雜誌的專欄作家，文字作品也曾刊登於《哈佛商業評論》（*Harvard Business Review*）及《高速企業》（*Fast Company*）、《成就》（*Success Magazine*）等雜誌。羅伯特同時也是知名講者，全球企業及各國組織都曾邀請他針對企業成長、企業文化、能力建構及工作績效等議題演說。他也是播客「人生煉金術」（Elevate Podcast）的主持人，在節目上羅伯特與各企業執行長、作家、思想家及各界傑出人士討論達到傑出成就的關鍵祕訣。

羅伯特也透過「每週五讓愛傳出去」電子報與讀者分享他的新點子及對於領導能力的洞見，這份大受歡迎的電子周報啟迪人心，已在全球超過六十個國家擁有超過二十萬名個人及企業主讀者。

羅伯特是榮登《華爾街日報》（*Wall Street Journal*）、《今日美國》（*USA Today*）的國際級暢銷作家，已有以下四本著作：《人生煉金術》、《每週五讓愛傳出去》、《遠距工作不用愁》（*How to Make Virtual Teams Work*）、《合作夥伴求績效》（*Performance Partnerships*）。

工作之餘，羅伯特熱愛滑雪、騎腳踏車、閱讀、旅遊、與家庭共度溫馨時光、從事居家翻修計畫。

欲知更多關於羅伯特的資訊，瀏覽他的文字作品或演講內容，以及洽詢合作機會，請造訪以下網站：robertglazer.com／「加速夥伴」公司資訊：accelerationpartners.com。

米克・史隆

米克・史隆是加速夥伴的領導發展與內容創新經理，同時也是本書的共同作者。他與女友梅瑞迪斯（Meredith）住在美國維吉尼亞州的阿靈頓郡（Arlington），熱愛跑步、閱讀、聽播客。欲知更多關於米克的資訊請上 micksloan.com。

更多資源

各位讀者如果想更深入了解本書提及的各種工具、概念和流程，建議各位造訪網站 robertglazer.com/virtual 探索更多資源。

羅伯特熱愛傾聽來自各位的新點子、合作機會及意見回饋。各位如果有任何想法，請都不吝來信 elevate@robertglazer.com，他會逐一閱讀並盡所能回覆。

播客《人生煉金術》

請至以下網站收聽羅伯特與世界級企業執行長、作家、思想家、表演者深入探討書中多名企業領導者提倡的概念：robertglazer.com/podcast。

注釋

序言

- Beth Braccio Hering, “Remote Work Statistics: Shifting Norms and Expectations,” FlexJobs, February 13, 2020, https://www.flexjobs.com/blog/post/remote-work-statistics/
- Christopher Ingraham, “Nine Days on the Road: Average Commute Time Reached a New Record Last Year,” Washington Post, October 7, 2019, https://www.washingtonpost.com/business/2019/10/07/nine-days-road-average-commute-time-reached-new-record-last-year/
- “Average Commute to Work Now Takes 59 Minutes: TUC Study,” Sky News, November 15, 2019, https://news.sky.com/story/average-commute-to-work-now-takes-59-minutes-tuc-study-11861773

- "Indians Spend 7 % of Their Day Getting to Their Office," Economic Times, September 3, 2019, https://economictimes.indiatimes.com/jobs/indians-spend-7-of-their-day-getting-to-their-office/articleshow/70954228.cms
- Philip Landau, "Open-Plan Offices Can Be Bad for Your Health, " Guardian, September 29, 2014, https://www.theguardian.com/money/work-blog/2014/sep/29/open-plan-office-health-productivity
- Brian Heater, "Twitter Says Staff Can Continue Working from Home Permanently," TechCrunch, May 12, 2020, https://techcrunch.com/2020/05/12/twitter-says-staff-can-continue-working-from-home-permanently/
- Chuck Collins, Dedrick Asante-Muhammed, Josh Hoxie, and Sabrina Terry, "Dreams Deferred: How Enriching the 1 % Widens the Racial Wealth Divide," Institute for Policy Studies, 2019, https://inequality.org/wp-content/uploads/2019/01/IPS_RWD-Report_FINAL-1.15.19.pdf
- Greg Iacurci, "The Gig Economy Has Ballooned by 6 Million People since 2010. Financial Worries May Follow," CNBC, February 4, 2020, https://www.cnbc.com/2020/02/04/gig-economy-grows-15percent-over-past-decade-adp-report.html

第 I 章

- Jared Spataro, "A Pulse on Employees' Wellbeing, Six Months into the Pandemic," Microsoft, September 22, 2020, https://www.microsoft.com/en-us/microsoft-365/blog/2020/09/22/pulse-employees-wellbeing-six-months-pandemic/
- Don Reisinger and Brian Westover, "What Internet Speed Do I Need? Here's How Many Mbps Is Enough," Tom's Guide, accessed December 14, 2020, https://www.tomsguide.com/us/internet-speed-what-you-need,news-24289.html
- Marisa Iallonardo, "Blue Light Glasses Can Improve Sleep Quality but You May Not Always Get What You Pay For," Insider, May 24, 2020, https://www.insider.com/do-blue-light-glasses-work

第 II 章

- Cal Newport, "Why Remote Work Is So Hard—and How It Can Be Fixed," New Yorker, May 26, 2020, https://www.newyorker.com/culture/annals-of-inquiry/can-remote-work-be-fixed
- Anne-Marie Chang, Daniel Aeschbach, Jeanne F. Duffy, and Charles A. Czeisler,

"Evening Use of Light-Emitting eReaders Negatively Affects Sleep, Circadian Timing, and Next-Morning Alertness," Proceedings of the National Academy of Sciences of the United States of America 112, no. 4 (January 27, 2015): 1232–37, https://doi.org/10.1073/pnas.1418490112

- Daniel H. Pink, Drive: The Surprising Truth about What Motivates Us (New York: Riverhead, 2009)
- Liz Fosslien and Mollie West Duffy, "How to Combat Zoom Fatigue," Harvard Business Review, April 29, 2020, https://hbr.org/2020/04/how-to-combat-zoom-fatigue
- Manyu Jiang, "The Reason Zoom Calls Drain Your Energy," BBC, April 22, 2020, https://www.bbc.com/worklife/article/20200421-why-zoom-video-chats-are-so-exhausting
- Avery Hartmans, "Tech Companies Are Starting to Let Their Employees Work from Anywhere—as Long as They Take a Lower Salary," Business Insider, September 15, 2020, https://www.businessinsider.com/tech-companies-cutting-salaries-outside-bay-area-twitter-facebook-vmware-2020-9#:~:text=Software％20firm％２０ＶMware％20will％20start,city％20like％２０Ｄenver％２Ｃ％２０Ｂloomberg％20reports

第三章

- "Welcome to the Learning Moment," Learning Moment, accessed December 15, 2020, https://thelearningmoment.net/welcome-to-learning-moment/
- Brian Scudamore, "This Visualization Technique Helped Me Build a $100M Business," Inc., October 21, 2015, https://www.inc.com/empact/this-visualization-technique-helped-me-build-a-100m-business.html
- Robert Glazer, "Acceleration Partners Vivid Vision." Acceleration Partners, September 1, 2016, https://www.accelerationpartners.com/acceleration-partners-vivid-vision/

第五章

- Kevin McSpadden, "You Now Have a Shorter Attention Span Than a Goldfish," Time, May 14, 2015, https://time.com/3858309/attention-spans-goldfish/
- Spataro, "Pulse on Employees' Wellbeing."
- Benjamin Wallace, "Is Anyone Watching Quibi?," Vulture, July 6, 2020, https://www.vulture.com/2020/07/is-anyone-watching-quibi.html

- Laura Delizonna, "High-Performing Teams Need Psychological Safety. Here' s How to Create It," Harvard Business Review, August 24, 2017, https://hbr.org/2017/08/high-performing-teams-need-psychological-safety-heres-how-to-create-it
- Richard Feloni, "Ray Dalio Started Bridgewater in His Apartment and Built It into the World' s Largest Hedge Fund. Here Are 5 Major Lessons He' s Learned over the Past 44 Years," Business Insider, July 2, 2019, https://www.businessinsider.com/ray-dalio-shares-top-lessons-from-career-at-bridgewater-2019-7?r=US&IR=T
- Lora Jones, " 'I Monitor My Staff with Software That Takes Screenshots,' " BBC, September 29, 2020, https://www.bbc.com/news/business-54289152
- "Homeworking in the UK: Before and During the 2020 Lockdown," Understanding Society: The UK Household Longitudinal Study, September 14, 2020, https://www.under standingsociety.ac.uk/2020/09/14/homeworking-in-the-uk-before-and-during-the-2020-lockdown

第六章

- Kathryn Vasel, "Dropbox Is Making Its Workforce 'Virtual First.' Here' s What

That Means,” CNN Business, October 13, 2020, https://www.cnn.com/2020/10/13/success/dropbox-virtual-first-future-of-work/index.html

結語

- William H. Frey, “The Millennial Generation: A Demographic Bridge to America’s Diverse Future,” Metropolitan Policy Program, Brookings Institution, January 2018, https://www.brookings.edu/wp-content/uploads/2018/01/2018-jan_brookings-metro_millennials-a-demographic-bridge-to-americas-diverse-future.pdf001

WFH 在家工作的成功祕訣 / 羅伯特 . 格雷瑟 (Robert Glazer), 米克 . 史隆 (Mick Sloan) 著 ; 孟令函譯 . -- 初版 . -- 臺北市 : 遠流出版事業股份有限公司 , 2022.02
面； 公分
譯 自 : How to thrive in the virtual workplace : simple and effective tips for successful, productive, and empowered remote work
ISBN 978-957-32-9415-3(平裝)

1.CST: 企業管理 2.CST: 電子辦公室

494 110022272

國家圖書館出版品預行編目（CIP）資料

WFH
在家工作的成功祕訣
美國中小企業最佳 CEO 教你高效、彈性、具團隊精神的企業競爭新優勢

How to Thrive in the Virtual Workplace
Simple and Effective Tips for Successful, Productive and Empowered Remote Work

---

作　　者　羅伯特．格雷瑟（Robert Glazer）、
米克．史隆（Mick Sloan）
譯　　者　孟令函
總監暨總編輯　林馨琴
責任編輯　楊伊琳
行銷企畫　陳盈潔
封面設計　陳文德
內頁設計　賴維明

發 行 人　王榮文
出版發行　遠流出版事業股份有限公司
地　　址　臺北市中山區中山北路一段 11 號 13 樓
客服電話　02-2571-0297
傳　　真　02-2571-0197
郵　　撥　0189456-1
著作權顧問　蕭雄淋 律師

2022 年 2 月 1 日　初版一刷
新台幣定價 399 元（缺頁或破損的書，請寄回更換）

ISBN　978-957-32-9415-3

遠流博識網　https://m.ylib.com/
E-mail　ylib@ylib.com
